뇌가 섹시해지는 퍼즐

RONRITEKI SHIKOURYOKU WO KITAERUTAMENO 50 NO PUZZLE by Yousuke Imai
Supervised by Shintaro Fukazawa

Original Japanese edition published by SEKAIBUNKA HOLDINGS INC.

This Korean edition published by arrangement with SEKAIBUNKA Publishing Inc.,
Tokyo, through TOHAN CORPORATION, Tokyo, and Eric Yang Agency, Inc.

초급·중급·고급 3단계 두뇌 훈련

뇌가 섹시해지는 퍼즐

이마이 요스케 지음
후카사와 신타로 감수
위정훈 옮김

비전코리아

들어가며

'논리적 사고력(Logical Thinking)'이란 과연 무엇일까.

회사원, 취업준비생, 학생에 이르기까지 귀에 못이 박히도록 듣는 말이기도 한, 이 '논리적 사고력'은 문제 해결, 프레젠테이션, 문서 작성 등 다양한 지적 활동의 전제가 되는 기초적인 스킬이다.

예를 들어 A점포의 매출이 지난달보다 2배 증가했다고 하자. 다른 점포에서는 A점포의 사례를 응용하기 위해 '왜 매출이 늘었는가?'를 고찰할 것이다. A점포 담당자가 "열심히 일했기 때문입니다"라고 대답했다면 그것은 답이 될 수 없다. 왜냐하면 원인과 결과를 파악한 후 다른 케이스에도 적용할 수 있어야 하기 때문이다. 논리적으로 생각하려면 먼저 '전제'를 두고, 순차적으로 '사고의 기둥'을 세우고, 최종적인 '결론'을 끌어내는 것이 필요하다. 한마디로 말하면, '제대로 생각하기' 정도가 될 것이다.

그런 능력은 어떻게 익힐 수 있을까?

바로 '퍼즐'이다. 아무리 훌륭한 지식인의 저작을 읽는다 해도 그것만으로는 논리적 사고를 익힐 수 없다. 실제로 독자 스스로가 머리를 쓰지 않으면 안 되는 것이다.

그렇다고 해도 인간이므로 잘하지 못하는 일을 하는 것은 고통스럽다. 따라서 즐겁게 논리적 사고를 훈련할 수 있는 '퍼즐'이

답인 것이다. 퍼즐을 통해 문제 문장에서 힌트를 읽어내는 힘, 그것을 순차적으로 관련지어서 이치에 맞는 결론을 끌어내는 힘이 길러질 수 있다.

이 책의 특징은 숫자나 논리를 사용하여 즐겁게 두뇌 트레이닝을 할 수 있다는 점이다. 퍼즐을 처음 하는 성인뿐만 아니라 중·고등학생들이 도전하기에도 부담스럽지 않은 내용으로 이루어져 있다. 해답을 찾아나가는 논리적 사고의 프로세스를 해답 페이지에서 확인하면서 복습하고, 요령을 익히기 바란다. 논리적인 분석에 필요한 기본 룰을 익힘으로써 일상생활에서도 유용한, 사물을 명쾌하게 파악할 수 있는 힘이 길러질 것이다. 그러므로 부담 없이, 즐겁게 풀어보기 바란다.

자, 이제 당신의 '생각하기'를 '제대로 생각하기'로 바꿔보자.

비즈니스 수학 전문가, 교육 컨설턴트

후카사와 신타로

차례

❷ 중급 클래스 Intermediate Class

❸ 고급 클래스 Advanced Class

◆ 난이도 ◆

퍼즐은 초급 클래스, 중급 클래스, 고급 클래스 3단계로 나뉘어 있다. 그리고 단계가 올라감에 따라 문제의 난이도도 올라간다. 단, 난이도를 느끼는 정도는 사람에 따라 다르므로 초급 클래스에서도 시간이 걸릴 수 있다.

이 책의 목적은 '논리적 사고력을 단련하는 것'이다. 시간은 문제가 아니다. 오히려 충분한 시간을 갖고 깊이 생각해주기 바란다.

◆ 힌트와 해설 ◆

각각의 퍼즐에는 힌트가 붙어 있다. 해답을 찾기 힘든 문제는 아랫부분에 있는 힌트를 읽고 다시 한번 천천히 생각해보자. 힌트를 보면 풀리지 않던 문제가 술술 풀릴 수도 있다.

그래도 답을 잘 모르겠다면 해답 페이지의 해설을 보아도 된다. 해설을 읽고, 논리적인 사고의 흐름을 파악한다.

◆ 이해하면서 나아간다 ◆

초급 클래스에 나온 퍼즐과 같은 패턴의 퍼즐이 중급 클래스와 고급 클래스에 등장하기도 한다.
각 문제를 모른 채로 덮어두지 말고, 이해하면서 풀어나간다. 다음에 같은 패턴의 문제가 등장하면 답의 프로세스를 끌어낼 수 있도록, 논리적인 사고의 스킬을 조금씩 익혀가는 것이다.

◆ 퍼즐을 즐긴다 ◆

무엇보다도 퍼즐을 즐기는 데서 시작하는 것이 중요하다. 지하철 안에서, 쉬는 시간에, 언제 어디서나 가방에서 책을 꺼내어 가벼운 마음으로 풀어보자.
중요한 것은 연필을 손에 쥐고, 문제에 도전하는 것이다. 그것이 논리적 사고력을 단련하는 첫걸음이다.

1

Beginner Class

초급 클래스

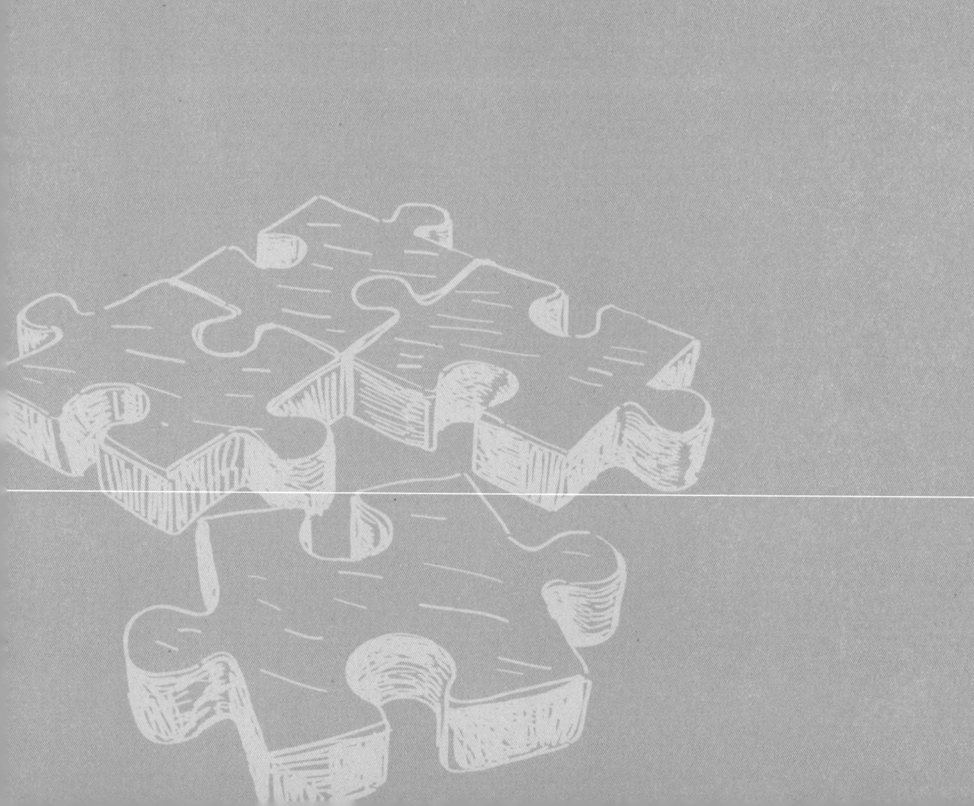

우선은 워밍업부터!

주의 깊게 관찰하고,

사물을 논리적으로 판단하는 기초를 길러보자.

앞 뒤

Q1 다트의 점수

아래 그림과 같이 점수가 쓰여 있는 다트판에 3개의 다트를 던졌더니 점수의 합계가 딱 100점이 되었다. 다트는 모두 다트판에 꽂혔으며 꽂힌 장소는 모두 다른 점수가 쓰인 곳이었다.

3개의 다트는 어디에 꽂혔을까?

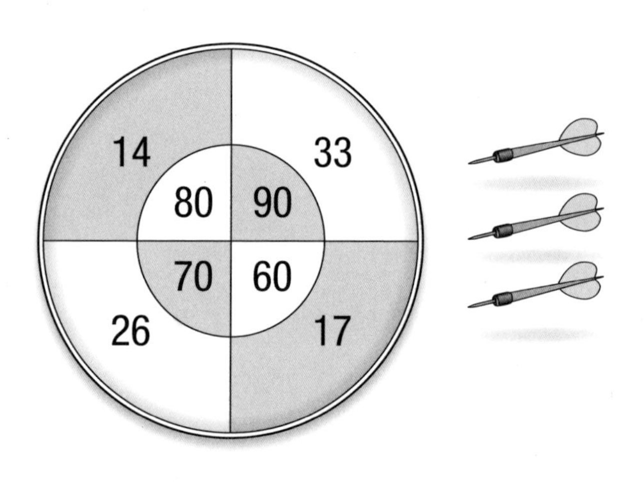

이 페이지를 활용해 풀이 과정을 적으며 문제를 해결해보자.

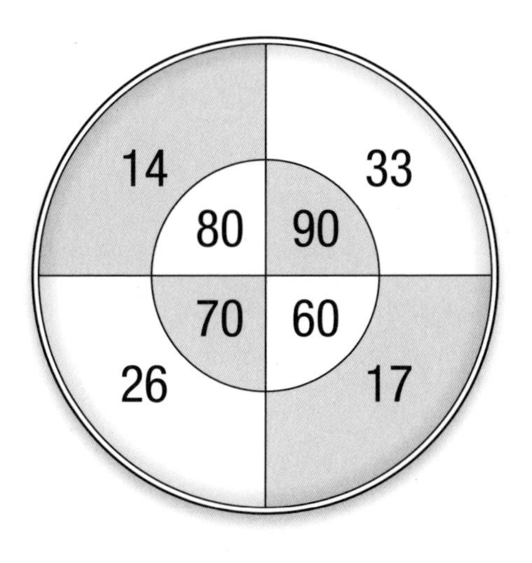

힌트 바깥쪽 원의 점수 3개를 높은 순서대로 더해도 100점이 되지 않는다. 그러므로 안쪽 원에 1개가 꽂히고 바깥쪽 어딘가에 2개가 꽂혀야 한다.

Q2 행렬의 순서

6명의 남성이 한 줄로 서 있다.
주어진 다섯 가지 정보를 가지고 이들이 서 있는 순서를 알아보자.

〈정보〉 ① 가쓰아키는 앞에서 두 번째에 있다.
② 기요시는 가쓰아키보다 앞에 있다.
③ 신지와 지로 사이에는 2명이 있다.
④ 다쿠마는 신지보다 앞에 있다.
⑤ 마사히코와 지로 사이에는 1명이 있다.

〈문제〉

힌트 정보 ①과 ②에서 가쓰아키와 기요시의 위치는 바로 정해진다. 남은 네 곳에서 신지와 지로는 어디에 들어갈까? ④의 정보를 힌트로 삼아 생각해보자.

Q3 6개의 블록

네모 안에 있는 점선을 따라 선을 그어서 4칸짜리 블록 6개로 나누려고 한다(예에서는 5개로 나누었다).
각각의 블록 안에는 A, B, C, D가 반드시 1개씩 들어가야 한다.
어떻게 분할하면 될까?

〈예〉

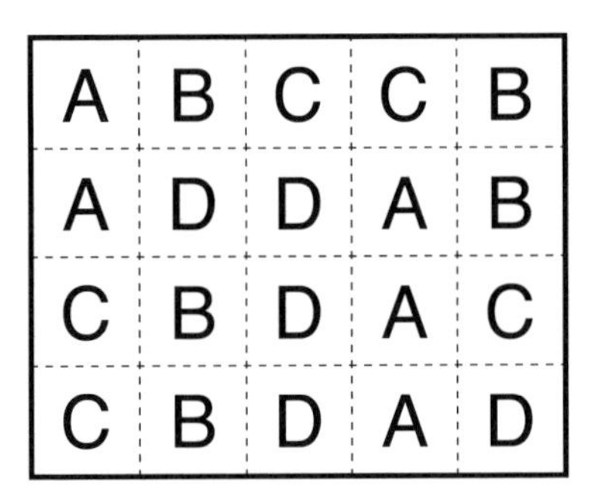

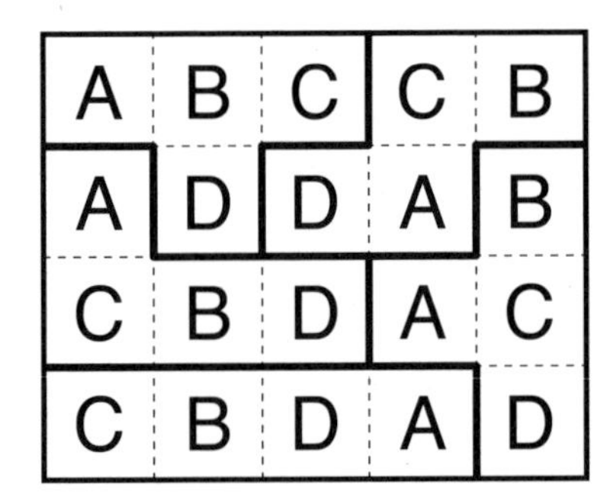

〈문제〉

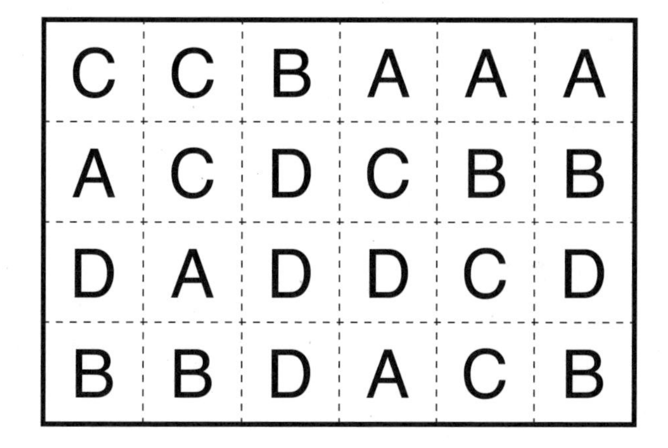

힌트 하나의 블록 안에는 같은 글자가 들어갈 수 없으므로, 같은 글자가 접해 있는 곳에는 반드시 분할선을 그어야 한다.

Q4 정사각형 판

정사각형 판을 아래 그림과 같이 5개의 조각으로 나누고, 그 5개의 조각을 조합하여 오른쪽의 도형 ①과 ②를 만들었다. 문제의 도형에 선을 그어 각각의 조각이 어떻게 놓여 있는지 알아보자. 단, 조각을 회전시켜 방향을 바꿔서 사용하는 경우도 있다.

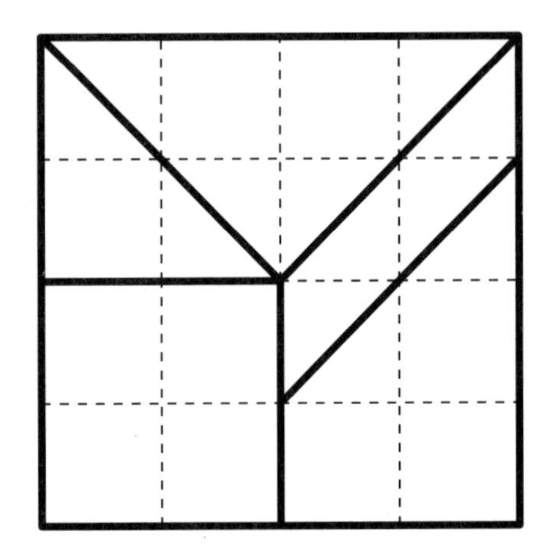

〈문제〉

①

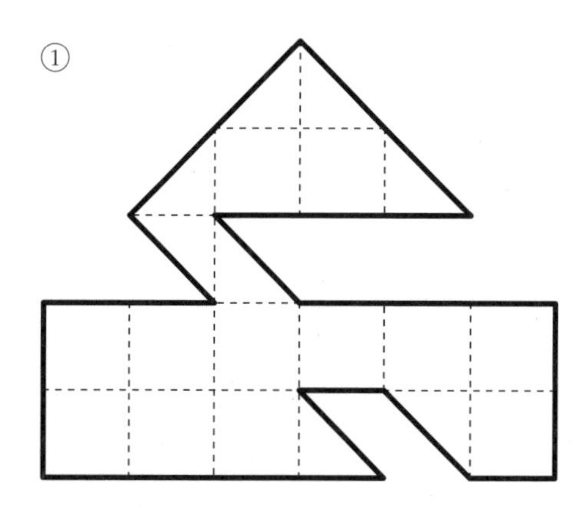

②

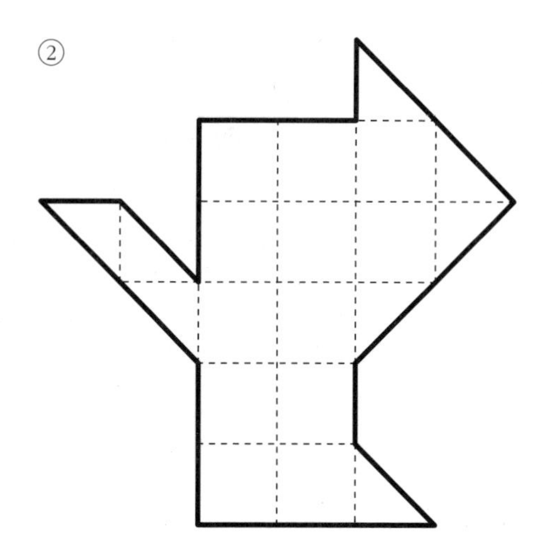

힌트 ①과 ②, 둘 다 특징적인 부분이 있다. ①은 한가운데의 가느다란 부분에 주목해 보자.

Q5 달력의 법칙

1일부터 31일까지 쓰여 있는 달력이 있다. A, B, C가 세로로 이어진 카드를 달력의 칸에 맞춰서 넣으면 1주일은 7일이므로, 반드시 B는 A보다 7만큼 큰 수가 되고, C는 A보다 14만큼 큰 수가 된다.

아래 달력의 칸에 ABC카드를 맞춰서 놓았더니 A+B+C=54가 되었다. 어느 칸에 카드를 놓은 것일까?

日	月	火	水	木	金	土
1	2	3	4	5	6	7
8	9	10	11	12	13	14
15	16	17	18	19	20	21
22	23	24	25	26	27	28
29	30	31				

A
B
C

힌트 A+7=B, A+14=C였다. 그렇다면 A+B+C에서 21을 빼면 어떻게 될까?

Q6 정직족과 거짓족

어떤 질문에도 정직하게 답하는 정직족과 어떤 질문에도 정반대로 답하는 거짓족이 사는 마을이 있다.

지금 이 마을에 사는 A, B, C 3명에게 아래와 같은 질문을 하여 'YES' 또는 'NO'라는 답을 들었다.

A, B, C는 각각 정직족과 거짓족 중 어느 종족일까?

질문 1 A, B, C, 당신들은 모두 정직족인가?

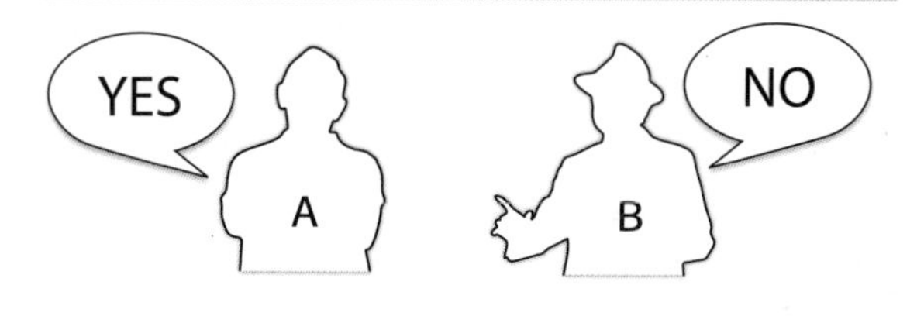

질문 2 B는 거짓족인가?

힌트 만약 '모두 정직족'이거나 '모두 거짓족'인 경우, 질문 1의 답은 2명 모두 같아야 하는데, 2명의 답이 다르다.

Q7 별에서 시작

그림에서 ☆부터 시작하여 모든 하얀 칸을 한 번씩 통과한 후 원래 위치로 돌아오려면 어떻게 이동하면 될까?
전진 방향은 가로 또는 세로뿐이다. 검은 칸은 통과할 수 없고, 칸 밖으로도 나갈 수 없다.

〈예〉

☆

↓

☆

〈문제〉

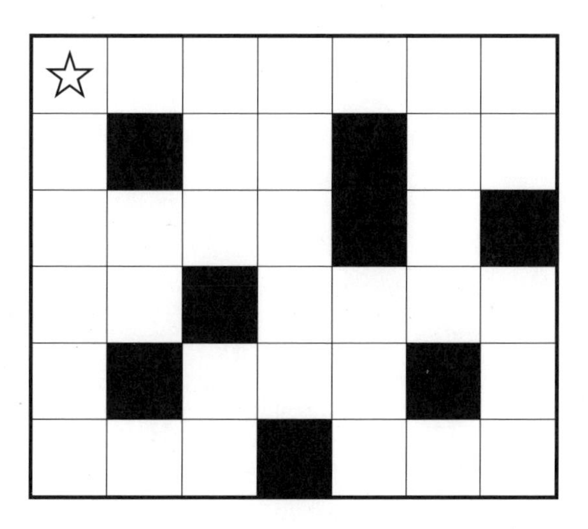

힌트 ☆에서 시작한 선은 모든 하얀 칸을 통과해야 한다. 먼저 폭이 한 칸뿐인 곳이나 통과하는 방법이 한 가지뿐인 모서리 부분에 선을 그어보자.

Q8 5명의 직급

아래 다섯 가지 정보를 가지고 같은 회사에 근무하는 5명의 직급을 알아내는 문제이다. 5명의 직급은 평사원, 계장, 부장, 전무, 사장 중 하나이며, 직급이 같은 사람은 없다.
오른쪽의 행렬표를 사용하여 행렬이 바르게 연결된 칸에는 ○를, 바르게 연결되지 않은 칸에는 ×를 넣어가면서 문제를 풀어보자. 직급의 순번은 평사원이 맨 밑이고 사장이 맨 위이다.

〈정보〉 ① 오가와와 다카마쓰는 '○장'이라는 직급이다.
② 마쓰바라는 오니시보다 직급이 높다.
③ 오니시는 평사원이 아니다.
④ 사장은 마쓰바라가 아니다.
⑤ 다카마쓰는 나가타보다 직급이 하나 높다.

〈행렬표〉

위 ↕ 아래		오가와	나가타	다카마쓰	마쓰바라	오니시
위	사장					
	전무					
	부장					
	계장					
아래	평사원					

힌트 직급은 한 번에 알아낼 수 없다. 행렬표의 빈칸에 ×를 넣어서 후보를 좁혀간다. ②의 정보로 마쓰바라는 가장 밑이 아니고, 오니시는 가장 위가 아니라는 것을 알 수 있다.

Q9 1~9의 계산식

모든 계산식이 성립하도록, □에 1~9를 하나씩 넣어보자. 2와 7은 이미 들어가 있다.

		□	+	7	=	□
		+		−		
□	÷	□	=	2		
		=		=		
		□	+	□	=	□

1 ~~2~~ 3 4 5 6 ~~7~~ 8 9

이 페이지를 활용해 풀이 과정을 적으며 문제를 해결해보자.

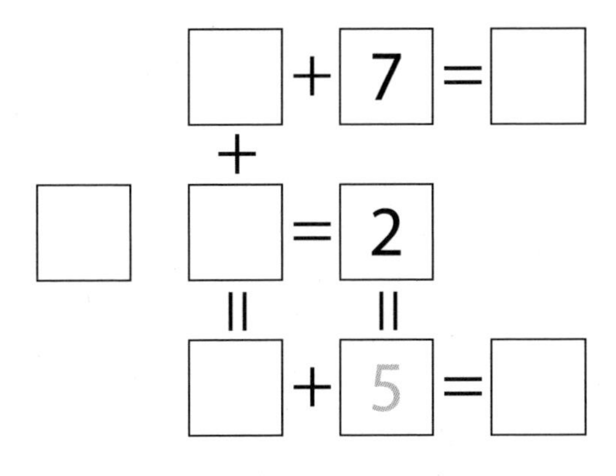

힌트 7의 왼쪽 칸에 들어가는 숫자는 무엇일까? 큰 숫자를 넣으면 덧셈의 답이 10 이상이 된다. 이어서 나머지 숫자를 가지고 맨 밑의 덧셈을 생각해보자.

Q10 블랙아웃

ㄱ~ㅁ의 타일 5장이 있다. 타일의 하얀 부분은 투명하며, 타일을 겹치면 아래에 있는 타일이 보인다.

이 5장의 타일 중에서 3장을 선택하여 정확히 겹쳤더니 전면이 까맣게 되었다. 타일을 회전시키는 것은 되지만 뒤집으면 안 된다.

선택한 3장의 타일은 어떤 것일까?

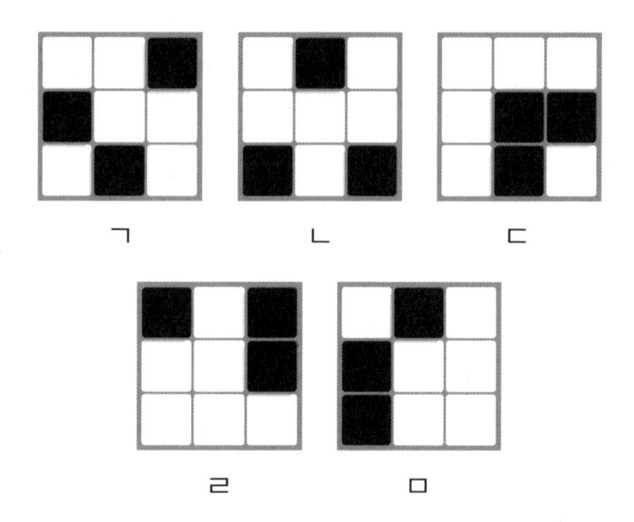

이 페이지를 활용해 풀이 과정을 적으며 문제를 해결해보자.

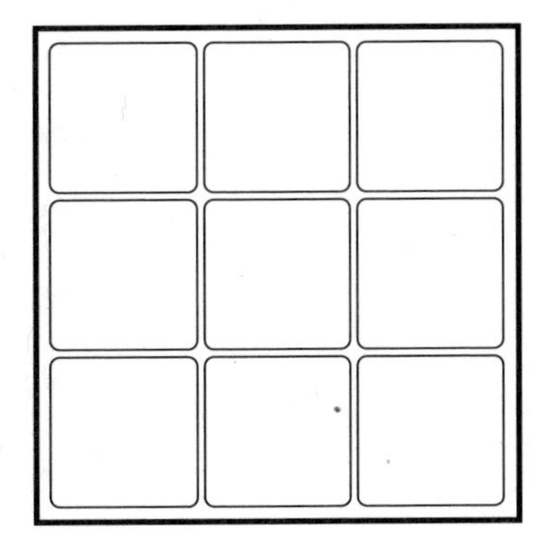

힌트 각 타일에 있는 아홉 칸 중에서 한가운데 부분은 회전시켜도 위치가 변하지 않는다. 5장 중에서 한가운데가 까만 타일은 1장뿐이다.

Q11 기숙사에 사는 사람

여기는 어떤 회사의 기숙사이다. 이 기숙사는 2층 건물로, 각 층에는 3개의 방이 있고 각 방에 1명씩 총 6명이 살고 있다. 아래 정보를 토대로 각 방에 사는 사람이 누구인지 맞혀보자.
각 방은 오른쪽 그림과 같이 배치되어 있다.

〈정보〉 ① 마쓰모토는 103호에 살고 있다.
② 사쿠라다의 방 번호에는 '2'가 없다.
③ 하야시와 스기야마는 같은 층의 이웃한 방에 살고 있다.
④ 우메자와는 사쿠라다의 방 바로 위층에 살고 있다.
⑤ 가쓰라가와의 방 바로 위층에 살고 있는 사람은 하야시가 아니다.

〈기숙사〉

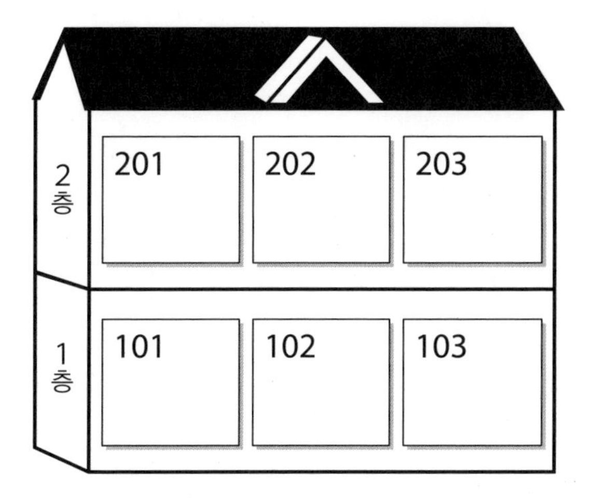

힌트 확실하게 아는 방부터 정해간다. 마쓰모토의 방이 103호라고 알려주므로(①) 방 번호에 '2'가 없다고 하는(②) 사쿠라다의 방은 하나로 좁혀진다.

Q12 성냥개비 집

아래 예와 같이 길이가 같은 성냥개비 5개를 사용하면 집 모양을 만들 수 있다. 이 집 모양을 옆으로 이어 붙여 집이 2개가 되면 사용하는 성냥개비는 전부 9개, 집이 3개가 되면 사용하는 성냥개비는 전부 13개가 된다.
그렇다면 집이 옆으로 10개 이어졌을 때, 사용하는 성냥개비는 전부 몇 개가 될까?
실제로 집 모양을 10개 그려서 일일이 세지 말고, 간단한 계산식을 사용해보자.

〈예〉

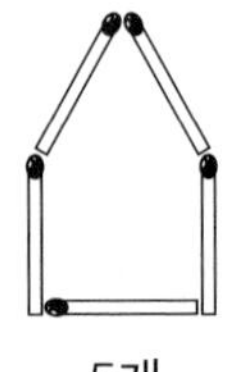
5개

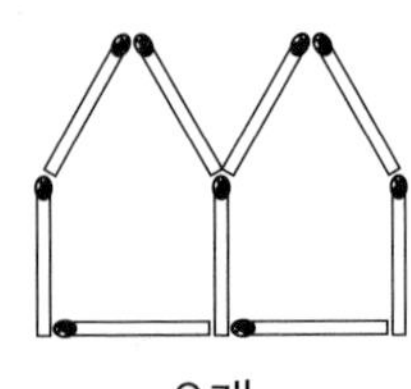
9개

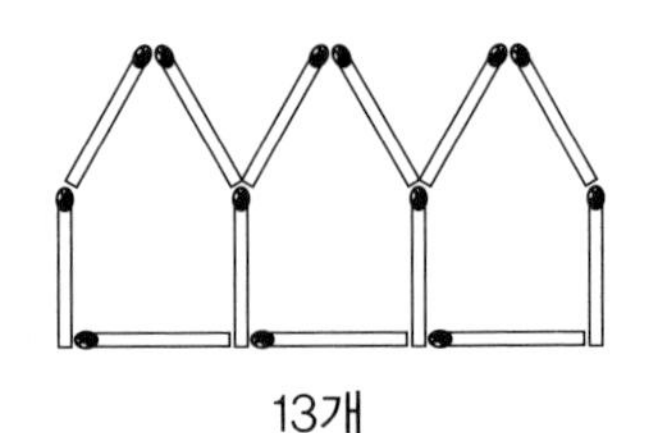
13개

〈문제〉

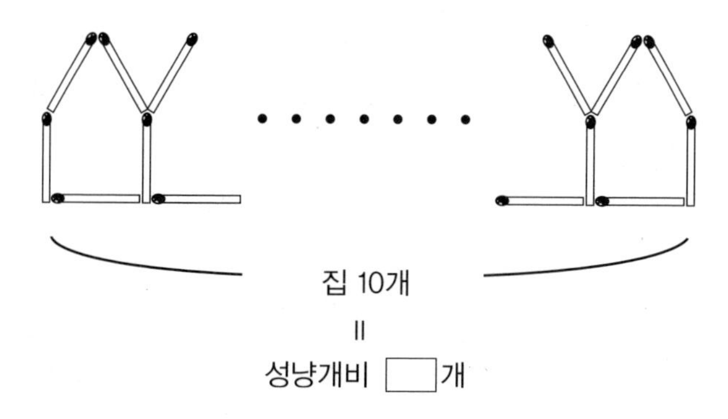

힌트 집이 1개 늘어나면 성냥개비는 몇 개 늘어날까? 단, 다른 집들보다 성냥개비 1개가 더 필요한 집이 있다.

Q13 추의 무게

4개의 추(A, B, C, D)를 정확한 천칭에 올렸더니 아래 그림과 같았다.

이 4개의 추를 무거운 순서대로 배열해보자.

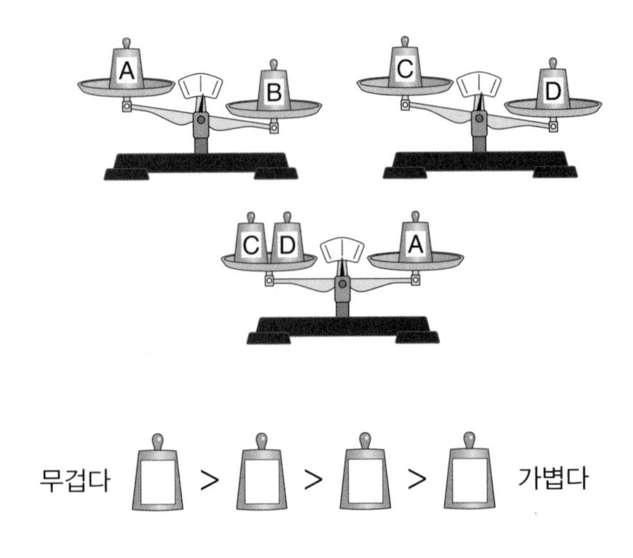

힌트 가볍고 무겁고의 관계만 생각하여 풀려고 하면 이미지를 떠올리기 어려울 수 있다. C=10g, D=20g 등으로 가정해보면 생각하기 쉬워진다.

Q14 사다리 타기

사다리에 있는 ㄱ~ㅁ 중 세 군데에 가로선을 넣어서 같은 아이콘끼리 이어지도록 사다리 타기를 완성해보자.

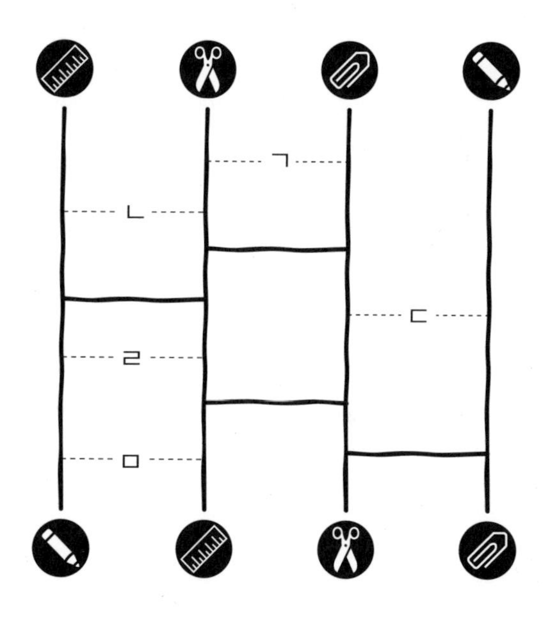

힌트 연필은 오른쪽 끝에서부터 왼쪽 끝까지 이동해야 한다. 그러기 위해 반드시 통과해야 하는 가로선은 어디일까?

Q15 부등호 숫자 퍼즐

아래 예와 같이 빈칸 사이에 있는 부등호(>, <)가 성립하고, 세로와 가로 각각의 줄에 1~5의 숫자가 하나씩 들어가도록 빈칸을 채워보자.

부등호는 기호가 열려 있는 쪽의 숫자가 반대쪽 숫자보다 크다는 것을 나타낸다.

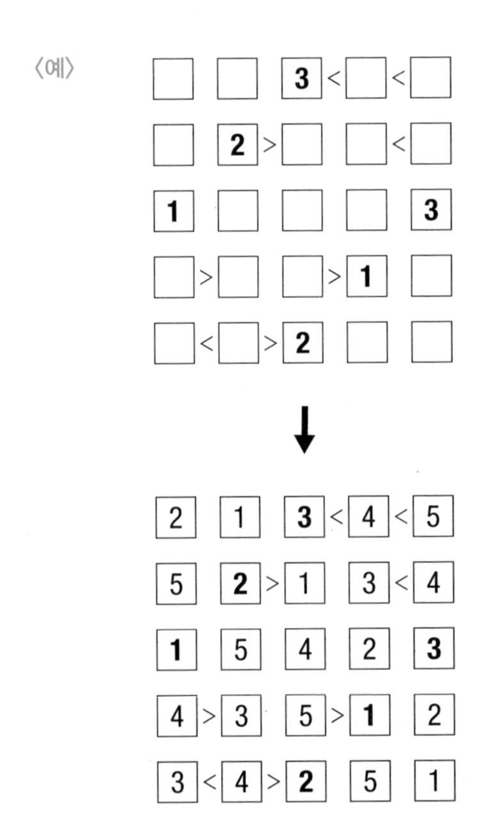

〈문제〉

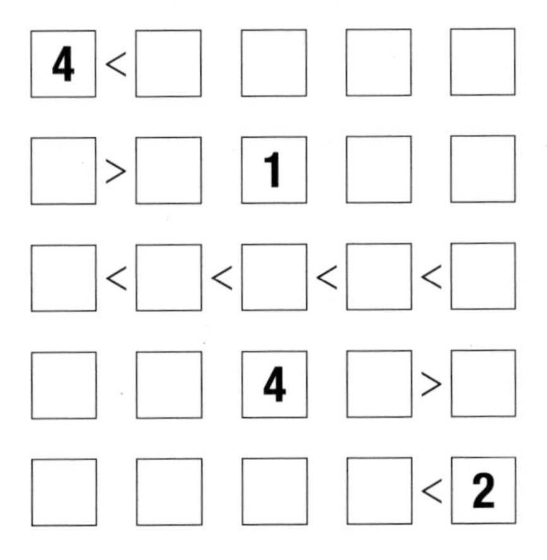

힌트 먼저 가운데의 가로줄은 바로 알 수 있다. 다음으로 생각할 것은 왼쪽 위에 4가 있는 가로줄인데 남은 숫자는 1~3과 5이다. 그중에서 4보다 큰 수는 무엇일까? 마찬가지로 맨 아래의 가로줄에서 2보다 작은 수는 무엇일까?

Q16 동네 야구 토너먼트

'우리가 최고!'라고 자부하는 7개의 동네 야구팀이 모여 토너먼트전을 치렀다. 그런데 깜박하고 토너먼트표에 팀명을 기록하지 않았다.

아래 정보를 토대로 오른쪽 토너먼트표에 팀 이름을 넣어보자. 굵은 선은 시합에 이겨서 올라간 것을 나타낸다.

〈정보〉 ① 로빈스가 우승했다.

② 캣츠는 시합에서 두 번 이겼다.

③ 울브스는 래빗스, 캣츠와 시합을 했다.

④ 덕스는 로빈스, 캣츠와 시합을 하지 않았다.

⑤ 패럿츠가 시합에서 이긴 횟수가 베어스보다 많다.

〈토너먼트표〉

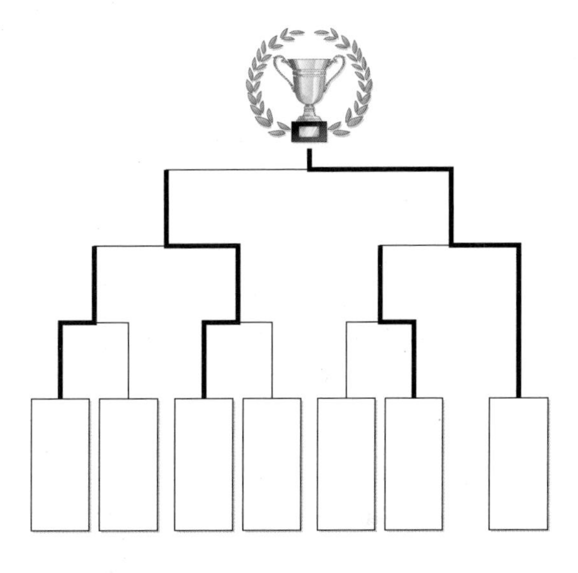

힌트 ①, ②에서 2개 팀의 위치는 바로 확인된다. ③의 정보로 울브스가 두 번의 시합을 했음을 알 수 있다.

Q17 골에 이르는 길

1~6 중에서 3개의 숫자를 선택하여 '스타트'부터 '골'까지 가는 길을 찾아보자. 나아가는 길은 가로 또는 세로이며, 사선으로는 갈 수 없다.
예를 들면 숫자 1, 2, 3을 선택한다면 1, 2, 3이 적힌 칸은 순서에 관계없이 모두 통과할 수 있지만, 4, 5, 6이 적힌 칸은 어떤 곳도 통과할 수 없다.

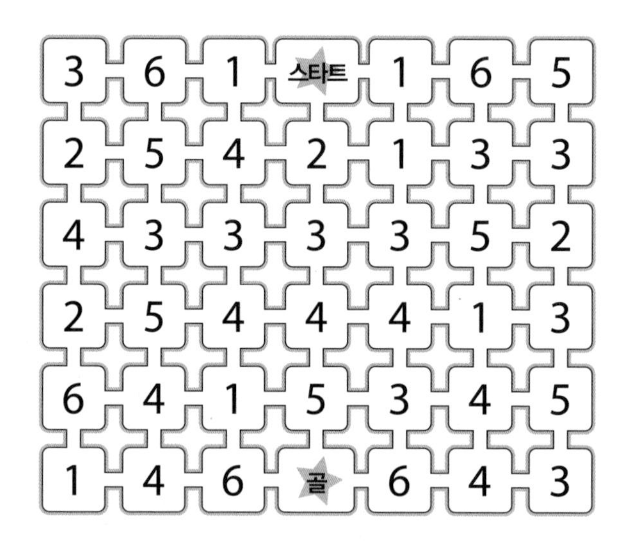

힌트 숫자 4의 위치에 주목하자. 골의 주위를 둘러싸고 있는 숫자는 반드시 통과해야 하는 숫자이다.

Q18 3개의 시계

아래 그림에서, 위에 있는 3개의 시계가 가리키는 시각의 30분 후가 아래에 있는 시계이다.

시계의 문자판 방향은 제각각이며, 위아래의 방향이 바뀌어 있는 것도 있다. 단, 뒤집혀 있는 것은 없다. 같은 시계끼리 선으로 연결해보자.

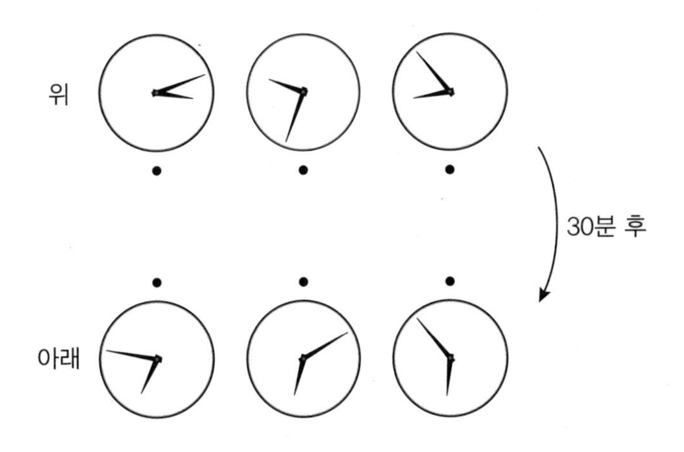

힌트 30분이 지나면 긴바늘은 180도 움직인다. 그에 비해 짧은바늘은 얼마나 움직일까? 짧은바늘이 움직이는 각도는 긴바늘에 비해서 아주 작다.

Q19 동전 계산

계산식이 성립하도록 동전 안에 금액을 써넣어보자.
○는 1원, 10원, 100원, 500원 중 하나이며, ◎는 5원, 50원 중 하나이다. 오른쪽과 아래에 있는 금액은 그 줄에 있는 동전을 합한 금액이다.

〈예〉

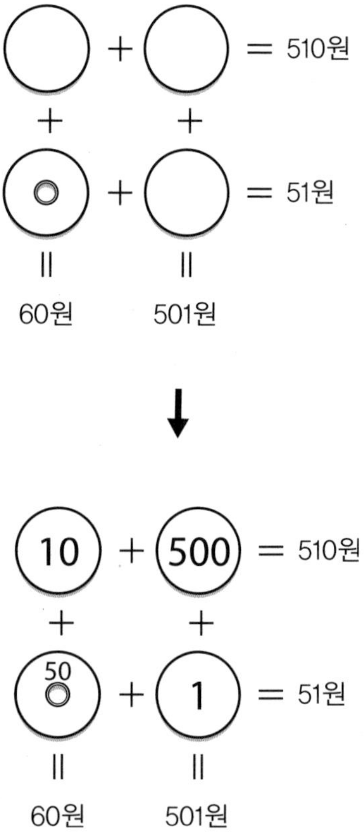

○ + ○ = 510원
\+ +
◎ + ○ = 51원
‖ ‖
60원 501원

↓

10 + 500 = 510원
\+ +
50 ◎ + 1 = 51원
‖ ‖
60원 501원

〈문제〉

○	+	◎	+	○	=	115원
+		+		+		
◎	+	○	+	◎	=	101원
+		+		+		
○	+	◎	+	○	=	650원
‖		‖		‖		
560원		56원		250원		

힌트 합계 650원인 줄에는 반드시 500원이 들어가는데, 어디에 들어갈까? 큰 금액과 끝자리에 있는 수에 주의를 기울이면 쉽게 문제를 풀 수 있다.

Q20 본사를 찾아라!

주어진 정보 8개를 가지고 6개 회사의 본사가 있는 국가를 알아내는 문제이다.

이들 회사의 본사가 있는 국가는 행렬표에 쓰여 있는 국가 가운데 하나이며, 본사가 같은 나라에 있는 회사는 없다. 정보에서 '지역'이란 표현은 행렬표의 국가명 위에 있는 '북아메리카', '남아메리카', '아시아'를 가리킨다.

행렬표에서 올바르게 대응하고 있는 칸에 ○를, 그렇지 않은 칸에 ×를 넣어보자.

〈정보〉 ① 원더 사의 본사는 북아메리카에 있다.
② 투톤 사의 본사가 있는 지역은 남아메리카가 아니다.
③ 슬리프 사의 본사가 있는 나라는 국가명이 2음절이다.
④ 파이스 사의 본사가 있는 나라는 브라질이 아니다.
⑤ 시클 사의 본사는 아시아에 있다.
⑥ 원더 사와 슬리프 사의 본사는 서로 다른 지역에 있다.
⑦ 포크 사와 파이스 사의 본사는 같은 지역에 있다.
⑧ 미국에 본사가 있는 회사는 투톤 사가 아니다.

〈행렬표〉

	북 아메리카		남 아메리카		아시아	
	미국	캐나다	브라질	페루	인도	베트남
원더 사						
투톤 사						
슬리프 사						
포크 사						
파이스 사						
시클 사						

힌트 정보 ①과 ⑥에서 원더 사의 본사가 있는 나라를 모르더라도 어느 지역인지는 알 수 있으므로 슬리프 사의 지역도 좁힐 수 있다.

2

Intermediate Class

중급 클래스

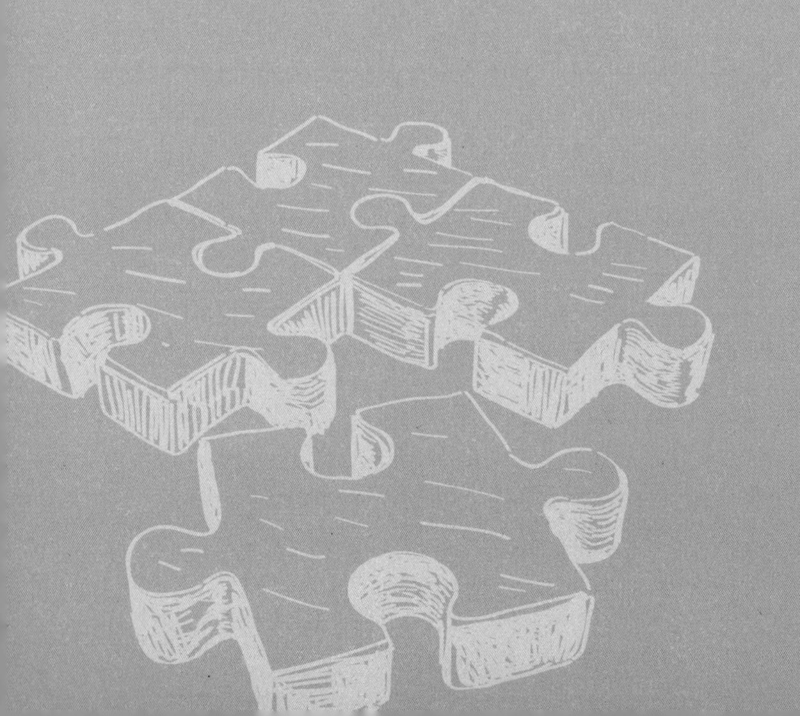

문제는 조금씩 어려워진다.
즐겁게 풀면서도 방심하지는 말고
집중력, 주의력, 추리력을 높여가자.

Q21 삼분할

문제의 도형에 점선을 따라 선을 그어서 모양이 같은 3개의 블록으로 나누어보자. 나누어진 블록은 회전시켜서 같은 모양이 되면, 방향이 달라도 상관없다.

〈예〉

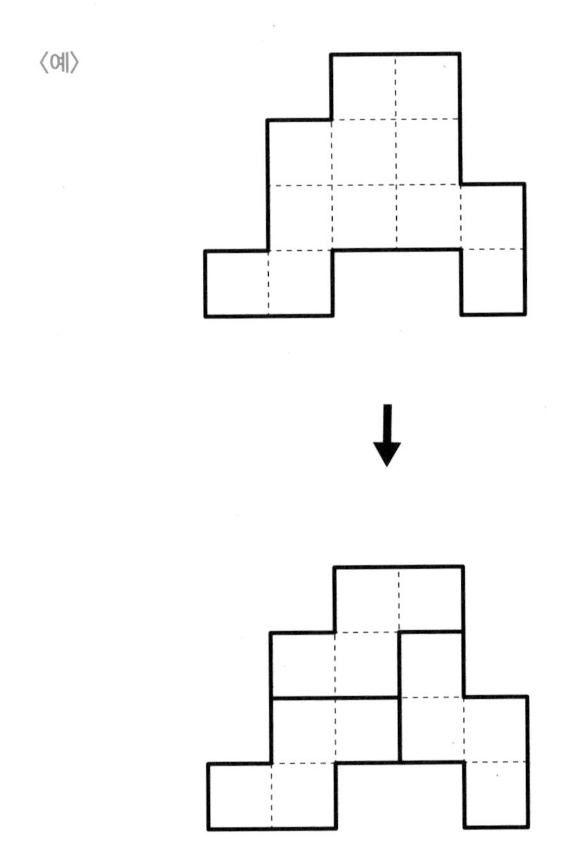

〈문제〉

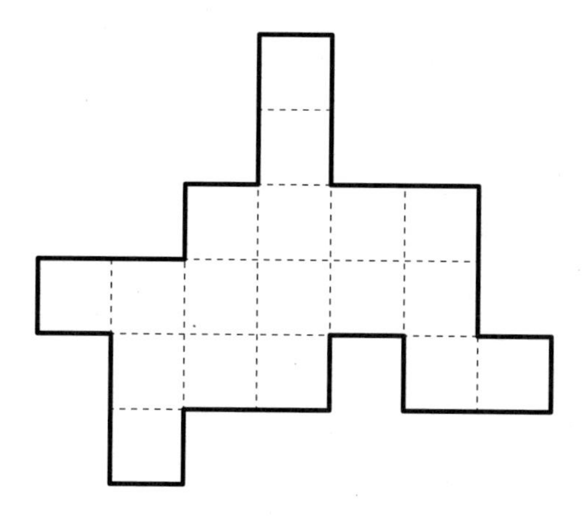

힌트 먼저, 도형 안에 모두 몇 칸이 있는지를 세어서 블록 하나에 들어갈 칸 수를 구한다. 왼쪽 아랫부분에 튀어나온 2개의 칸을 같은 블록으로 할지 다른 블록으로 할지 생각해본다.

Q22 숫자 샌드위치

아래 예의 해답을 보면, 모든 숫자가 2개씩 들어 있는 것을 알 수 있다. 그리고 1과 1 사이에는 1장, 2와 2 사이에는 2장, 3과 3 사이에는 3장의 카드가 놓여 있다.
이와 같이 같은 숫자 사이에 그 숫자와 같은 개수의 카드가 놓이도록, 1~4의 카드를 2장씩 배치해보자. 1과 4는 미리 1장씩 놓여 있다.

〈예〉

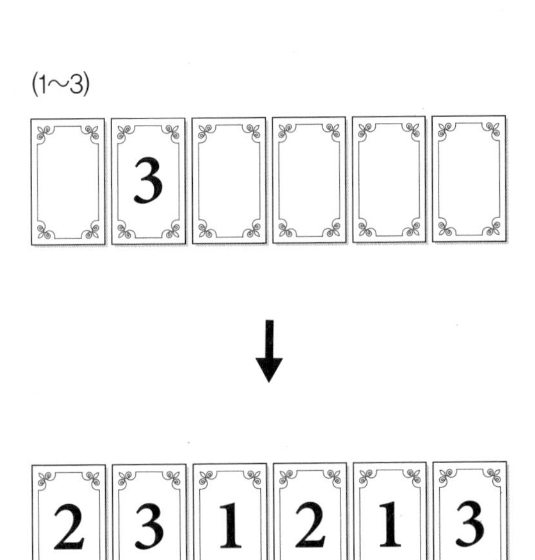

〈문제〉

(1~4)

힌트 오른쪽 끝의 4와 짝을 이루는 4가 적힌 카드의 위치는 바로 정해진다. 1과 짝을 이루는 다른 1의 위치도 앞에 4가 들어감으로써 정해진다.

Q23 자리를 바꾼 직원

사장이 전체 직원들을 한눈에 볼 수 있도록 직원들의 책상 7개가 일직선으로 놓인, 약간 특이한 사무실이 있다. 이 사무실에서 이웃한 2명의 자리를 '두 번' 바꾸었더니 다음 네 가지 정보와 같은 상태가 되었다.

서로 자리를 바꾼 직원들은 누구일까?

직원들의 이름은 한자가 병기되어 있다. 한자로 병기된 앞 글자를 나열하면 요일이 된다. 이를 활용해 문제를 풀어보자.

〈정보〉 ① 쓰키모토(**月**本)와 히노(**火**野)는 이웃하지 않는다.

② 기하라(**木**原)와 쓰치다(**土**田)는 이웃한다.

③ 히노(**火**野)와 가나이(**金**井) 사이에는 2명 이상 있다.

④ 미즈자와(**水**沢)와 쓰치다(**土**田) 사이에는 2명 이상 있다.

〈자리 순서〉

자리를 바꾸기 전

↓

자리를 바꾼 후

힌트 정보 ①에서 쓰키모토와 히노를 떨어뜨려 놓기 위해서는 히노시타와 쓰키모토가 자리를 바꾸거나 히노와 미즈자와가 자리를 바꿔야 한다. 정보 ②에서도 마찬가지로 두 가지 자리 바꾸기를 생각할 수 있다.

Q24 영단어 십자말풀이

아래 14개의 영단어를 오른쪽 퍼즐의 빈칸에 맞게 넣어보자. 각 단어는 위에서 아래로, 왼쪽에서 오른쪽으로 읽을 수 있도록 넣는다. 거꾸로 넣거나 도중에 꺾을 수 없다.

〈영단어목록〉

AGE	PIE	CUBE	STUDY
EGG	SKI	HOME	
GAS	TEA	JAZZ	
GUM	TOP		
KEY	ZOO		

〈문제〉

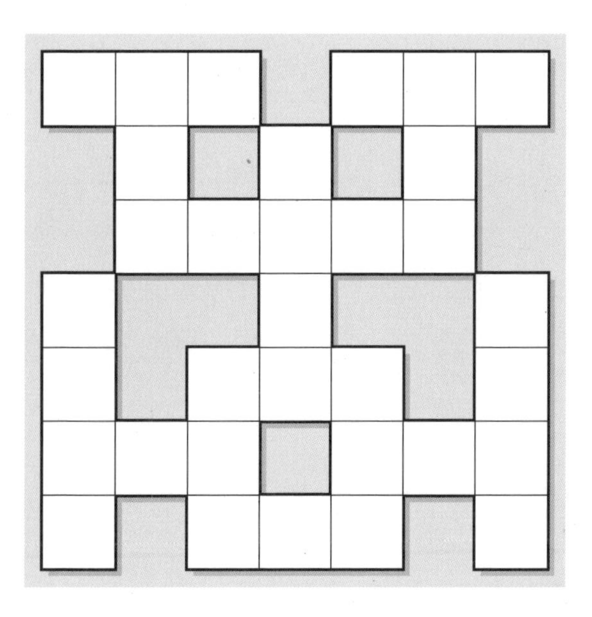

힌트 알파벳 3개로 이루어진 단어는 많이 있으므로 어디에 넣어야 할지 금방 알 수 없다. 14개의 영단어 중에서 넣을 수 있는 장소를 바로 알 수 있는 영단어는 무엇일까?

Q25 예스맨과 노맨

아리타, 우에다, 구라타, 도쿠다, 하라다, 후쿠다, 호리타는 어느 회사의 임원이다. 이들 7명은 예스맨이거나 노맨 둘 중 하나이며, 예스맨은 어떤 안건에도 찬성하고 노맨은 모든 안건에 반대한다.

안건 A~C에 대해 각각 임원 4명이 참석한 가운데 다수결로 가부를 결정했더니, 오른쪽과 같은 결과가 나왔다.

이것을 토대로 7명 중에서 누가 예스맨이고 누가 노맨인지를 알아내보자. 예스맨이 많으면 가결, 노맨이 많으면 부결, 예스맨과 노맨이 같은 수이면 보류가 된다.

〈결과〉

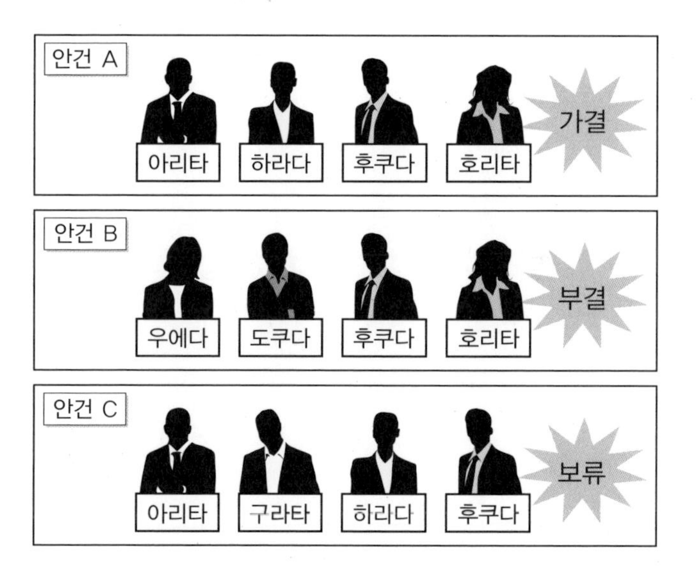

힌트 안건 C는 보류이므로, 예스맨과 노맨이 2명씩 있다. 안건 A와 C를 보면, 3명이 공통으로 들어 있으므로 공통으로 들어 있지 않은 사람의 속성을 알 수 있다.

Q26 거짓인 패널

어느 날, 퍼즐을 좋아하는 사장이 아래와 같이 6장의 패널을 회사의 현관에 붙였다. 이 중에서 거짓이 적힌 패널을 찾아낼 때까지 회사 안으로 아무도 들어가지 못한다.
거짓인 패널은 모두 2장 있는데 어느 것일까?

이 페이지를 활용해 풀이 과정을 적으며 문제를 해결해보자.

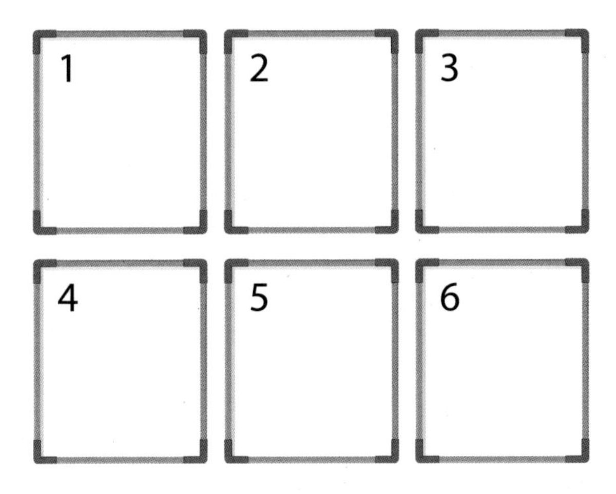

힌트 우선 1번과 4번 패널을 합쳐서 생각해보자. 이 2장은 모두 거짓이거나, 2장 모두 거짓이 아니다.

Q27 빈칸이 많은 곱셈식

비어 있는 모든 □에 0~9의 숫자를 넣어 곱셈을 완성해보자. 구구단과 곱셈을 알면 초등학생이라도 풀 수 있는 문제이지만 어림잡아 맞히는 것이 아니라 논리적으로 풀어보자.

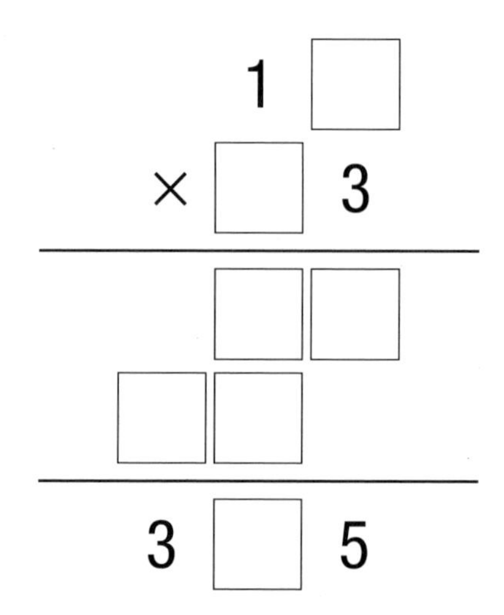

이 페이지를 활용해 풀이 과정을 적으며 문제를 해결해보자.

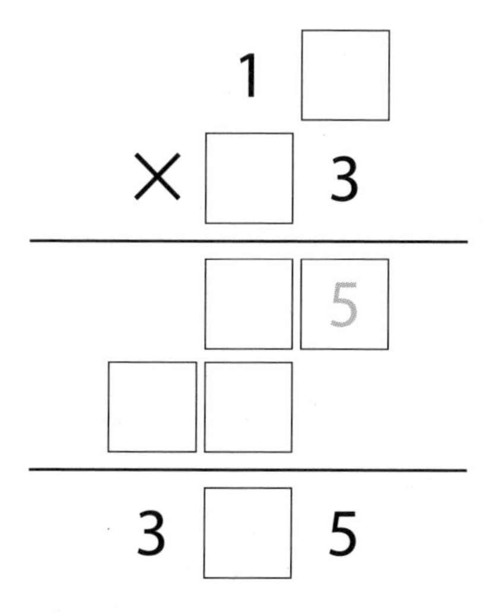

힌트 먼저, 맨 아래 일의 자리 숫자가 5가 되기 위해서는 위쪽 일의 자리 숫자 3에 0~9 중 어떤 숫자를 곱하면 될까?

Q28 아마추어 개그팀

회사 회식에서 8명이 2명씩 짝을 지어 개그코너 4개를 하게 되었다. 8명은 주연과 조연으로 나뉘어, 주연을 담당하는 사람과 조연을 담당하는 사람이 1명씩 짝을 이루어 네 팀을 만들었다. 주연과 조연을 맡은 8명의 이름은 모두 행렬표에 쓰여 있다. 다음의 다섯 가지 정보로 각 팀의 구성원을 알아내보자. 바르게 연결되어 있는 칸에 ○를, 맞지 않는 칸에는 X를 넣는다.

〈정보〉
① '오토즈' 코너에 속한 2명 이름에는 '오'라는 글자가 들어가 있다.
② '공깃밥클럽' 코너의 조연은 이쿠오가 아니다.
③ '사장교장' 코너의 주연은 미치오이며, 그 상대는 가즈히코가 아니다.
④ 'W코미디' 코너의 조연은 쇼타도 아니고 히데오도 아니다.
⑤ 게이이치의 상대는 이쿠오이다.

〈행렬표〉

	주연				조연			
	에이타이	가즈오	게이이치	미치오	이쿠오	가즈히코	쇼타	히데오
오토즈								
공깃밥클럽								
사장교장								
W코미디								

힌트 정보 ⑤에서 게이이치와 이쿠오는 같은 팀이라는 것을 알 수 있다. 두 사람 중 한쪽에 X가 들어 있는 코너는 다른 한쪽에도 마찬가지로 X가 들어간다.

Q29 폭탄 찾기

숨어 있는 폭탄을 숫자를 힌트로 찾아내보자.

숫자는 그 숫자가 들어 있는 칸에 세로·가로·대각선으로 접한 최대 8칸 안에 있는 폭탄의 개수를 나타낸다(아래 〈숫자의 세력 범위〉 참조). 한 칸에 숨어 있는 폭탄의 수는 하나이고, 폭탄이 없는 칸도 있다. 또한 숫자가 들어 있는 칸에는 폭탄이 숨어 있지 않다. 예를 잘 보고 규칙을 이해한 다음 풀어보자.

〈숫자의 세력 범위〉

그림에서 A는 주위 3칸, B는 주위 8칸, C는 주위 5칸 안에 있는 폭탄의 개수를 나타낸다.

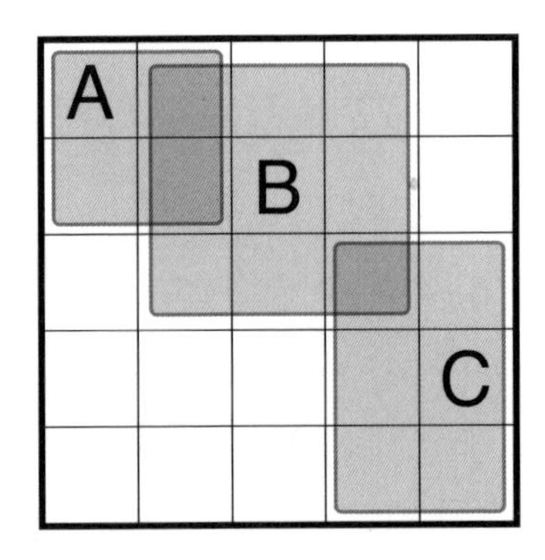

〈예〉

2			2
	3		
		3	
1			0

→

2	💣		2
💣	3	💣	💣
		3	
1	💣		0

〈문제〉

		3		0
2				
	3		2	
				2
2		1		

힌트 사실은, 폭탄이 '없는 칸'이 중요하다. 폭탄이 없다는 것을 알아낸 칸에 작게 ×를 표시해두면 풀기 쉽다.

Q30 고장 난 디지털 표시판

견본의 디지털 숫자 1~6을 오른쪽 디지털 표시판 중에 아무 곳에나 표시해보자.
단, × 부분은 표시판이 고장 나서 불이 들어오지 않으므로, × 부분에 불이 들어와야 하는 숫자는 표시할 수 없다.

〈견본〉

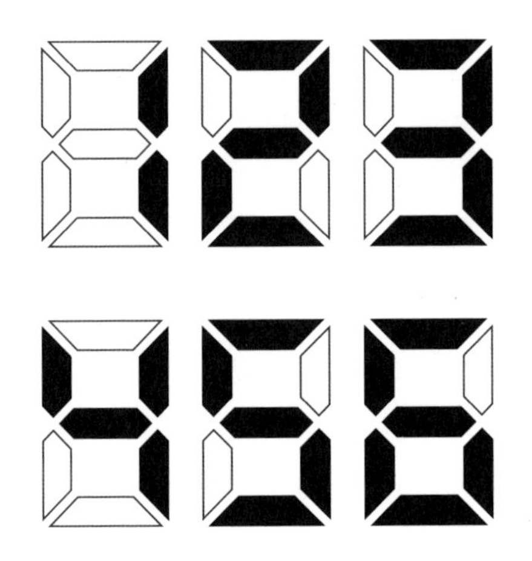

〈디지털 표시판〉

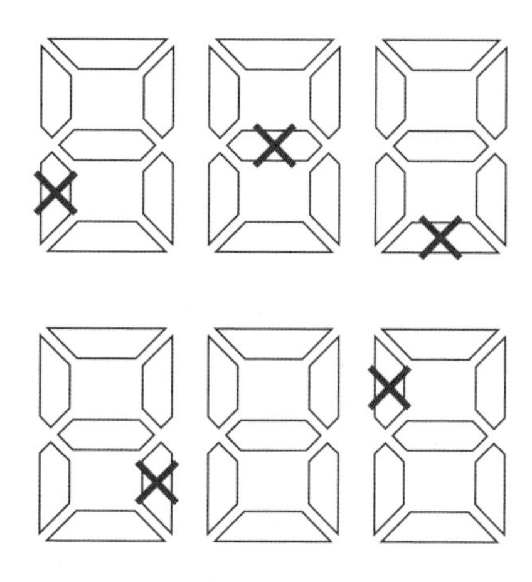

힌트 한가운데의 가로 막대에 불이 들어오지 않아도 되는 숫자는 1~6 중에 어떤 것인가? 그 숫자가 상단 중앙에 들어간다. 불이 들어오는 곳이 아니라 불이 들어오지 않는 곳이 중요하다.

Q31 둘이서 즐기는 다트

두 가지 점수가 쓰여 있는 다트판을 사용하여, 아유미와 아키라 둘이서 다트를 했다. 두 사람이 각각 던진 3개의 다트는 다트판에 정확히 꽂혔으며, 모두 점수가 다른 위치에 꽂혔다. 그런데 우연히도 합계 점수가 두 사람 모두 딱 100점이었다! 또한 두 사람의 다트판을 비교해보았더니 3개의 다트 모두 꽂힌 위치가 같았다.

자, 다트는 2개의 다트판 A~H의 어느 곳에 꽂혔을까?

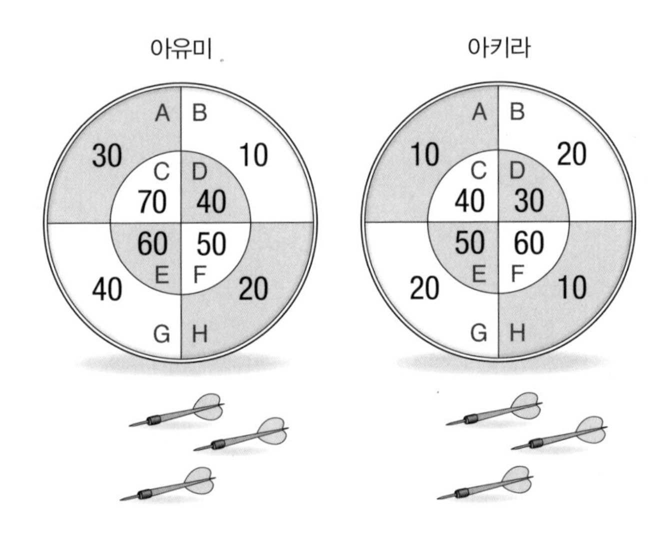

이 페이지를 활용해 풀이 과정을 적으며 문제를 해결해보자.

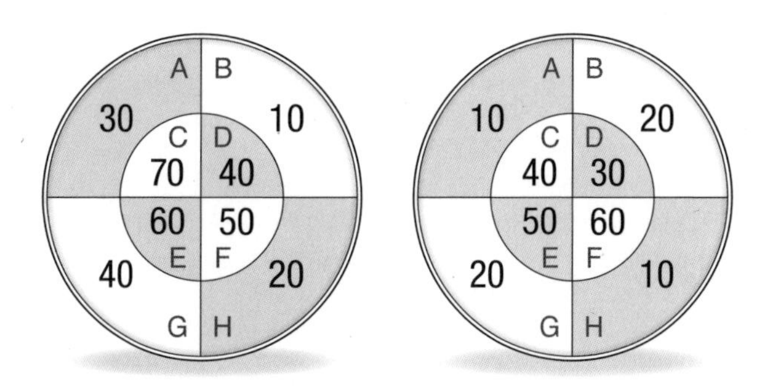

힌트 2개의 다트판은 모두 안쪽에 최소한 1개의 다트가 꽂히지 않으면 100점이 되지 못한다. 100점이 되는 조합은 몇 가지 있지만, 다트 꽂힌 위치가 일치하는 것은 한 가지뿐이다.

Q32 원탁의 남과 여

다다오, 데쓰오, 유키오 남성 3명과 아쓰코, 미나코, 유카코 여성 3명이 중화요리를 먹으러 가서, 아래 다섯 가지 조건에 맞도록 6인용 원탁에 앉았다.
이들 중 이미 알고 있는 데쓰오의 자리를 참고하여 다른 5명이 어디에 앉았는지 맞혀보자.
조건에 있는 '오른쪽 옆'은 그림의 화살표 방향이다.

〈조건〉
① 다다오의 오른쪽 옆은 미나코이다.
② 유키오의 오른쪽 옆은 여성이다.
③ 아쓰코는 유카코, 유키오와 나란히 앉지 않았다.
④ 데쓰오와 다다오는 나란히 앉지 않았다.
⑤ 여성 2명이 나란히 앉은 곳이 있다.

〈문제〉

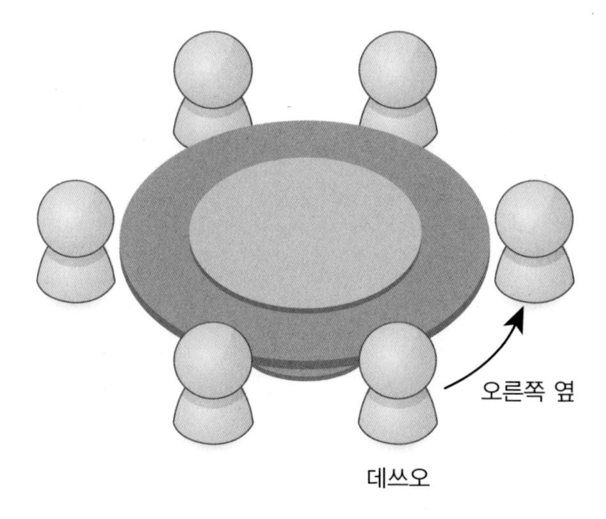

힌트 조건 ①의 다다오와 미나코, 조건 ②의 유키오와 여성, 이 두 가지를 한 쌍으로 생각한다. 데쓰오의 오른쪽 옆은 남성일까, 여성일까?

Q33 나는 몇 살일까요?

계산을 잘하는 소년에게 나이를 물었더니 다음과 같이 대답했다. 소년의 나이는 몇 살일까?

'○살 ○개월'의 '○개월' 부분은 생각하지 말고, 그해의 만 나이로 생각한다.

방정식을 사용하지 않고 풀어보자.

힌트 중요한 것은 남동생과 아빠의 나이 차이다. 모두가 1년에 한 살씩 나이를 먹으므로, 몇 년이 지나도 세 사람의 나이 차는 변하지 않는다.

Q34 나무 블록의 무게

4종류의 나무 블록(삼각, 사각, 사다리꼴, 구)이 있다. 다음과 같이 저울로 나무 블록의 무게를 쟀다.

이때, 같은 모양의 나무 블록은 모두 무게가 같다. 4종류의 나무 블록 1개당 무게는 몇 g일까?

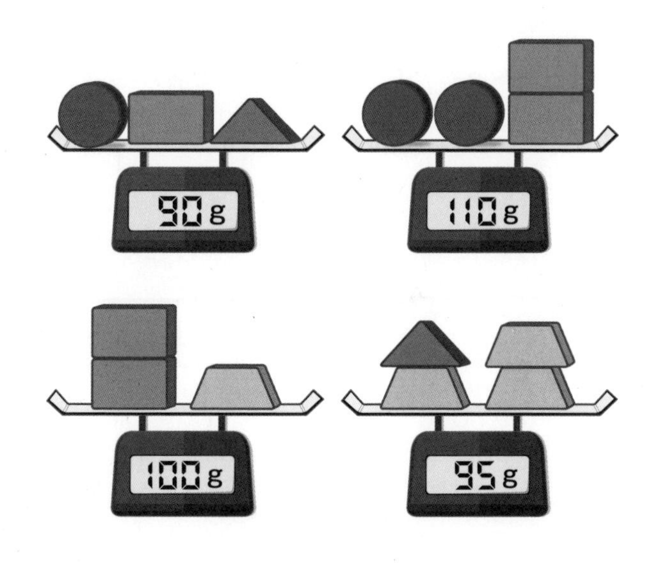

힌트 110g의 저울에는 2종류의 나무 블록이 2개씩 올라가 있다. 그 2종류의 나무 블록이 1개씩이라면 합계는 몇 g일까?

Q35 불규칙한 블록

가로와 세로 모든 줄에 1~5의 숫자가 하나씩 들어가도록 빈칸에 숫자를 넣어보자. 이때, 굵은 선으로 둘러싸인 불규칙한 모양의 블록에도 1~5의 숫자가 하나씩 들어가야 한다.

빈칸을 1~5의 숫자로 채워보자.

〈예〉

2		3		
4		1		2
		5		3

2	4	3	1	5
5	1	2	3	4
4	3	1	5	2
3	5	4	2	1
1	2	5	4	3

〈문제〉

				5
		1		
		2		
		3		
2				

힌트 오른쪽 위의 5를 이용하면, 왼쪽 위에 배치되어 있는 L자형 블록 어딘가에 5를 넣을 수 있다.

Q36 빙고 게임

깜박하고 빙고 게임에 참가하지 못했는데 게임이 끝나버렸다. 놓친 것이 아까워서 열린 숫자를 물어보았더니, 다음과 같은 정보를 얻을 수 있었다. 자, 과연 어떤 숫자가 열렸을까?

빙고 게임의 규칙은 다음과 같다.

먼저 아무 숫자나 선택하고, 그 숫자가 카드에 있으면 그곳을 연다. 가로, 세로, 대각선 중 한 줄이 모두 열리면 '빙고'를 외침과 동시에 게임에서 이긴다. 중앙의 'FREE'는 처음부터 열려 있다. 하나를 열면 빙고가 되는 상태를 '리치'라고 부른다.

〈정보〉 ① FREE를 포함하여 숫자는 전부 10개 열렸다.
② 가로줄에서 빙고가 되었다.
③ 세로에서 한 줄, 대각선에서 한 줄 리치가 되었다.
④ 일의 자리가 0인 곳은 숫자가 열리지 않았다.
⑤ 일의 자리가 2인 곳은 숫자가 딱 하나 열렸다.
⑥ G의 세로줄은 숫자가 딱 하나 열렸다.
⑦ N의 세로줄은 리치가 되지 않았다.
⑧ 구멍이 하나도 열리지 않은 가로줄이 있었다.

〈문제〉

힌트 숫자가 열리지 않은 칸에 ×를 넣으면서 풀어가자. ×를 넣으면 어떤 줄에서 빙고가 되었는지(②) 알 수 있다.

Q37 복잡한 덧셈

A~H의 모든 칸에 0~9의 숫자 중 하나를 넣어서 덧셈을 완성해보자.

완성한 식은 각각의 칸에 쓰여 있는 조건을 만족해야 한다.

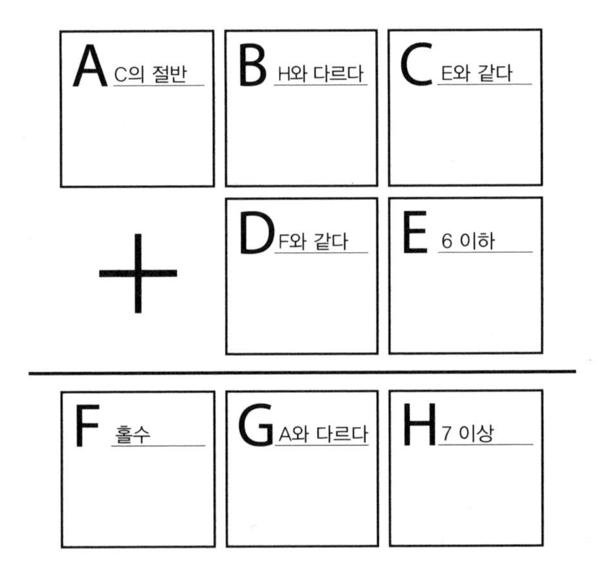

이 페이지를 활용해 풀이 과정을 적으며 문제를 해결해보자.

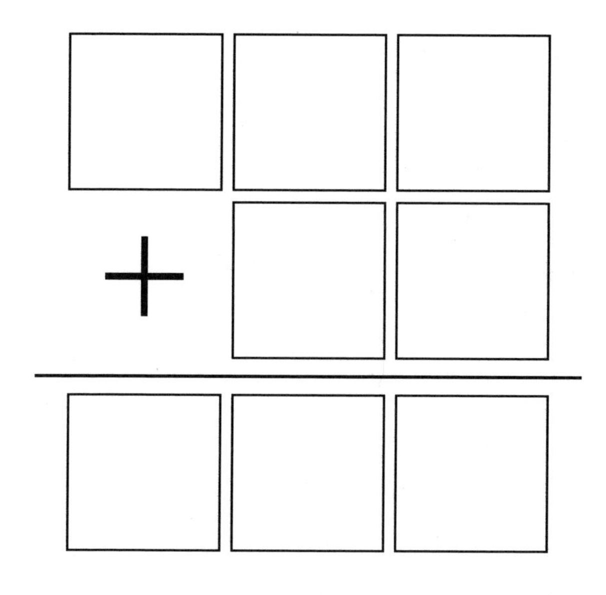

힌트 C와 E는 같은 숫자이다. 같은 숫자를 2개 더한 답은 짝수가 된다. 그 결과와 7 이상이라는 조건으로 H에 들어가는 숫자를 알 수 있다.

Q38 7장의 색종이

같은 크기의 색종이 7장을 위치를 조금씩 비껴가면서 겹쳤더니 아래 그림처럼 되었다.

겹쳐져 있는 순서대로 위에서부터 번호를 붙여보자. 참고로, 사용된 색종이는 모두 정사각형이다.

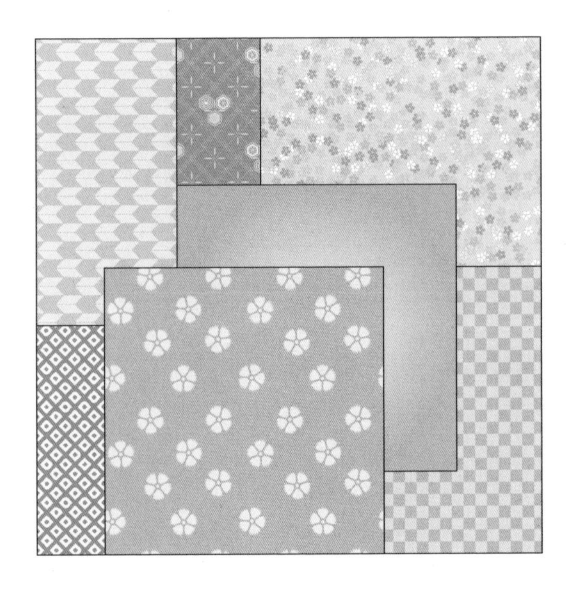

이 페이지를 활용해 풀이 과정을 적으며 문제를 해결해보자.

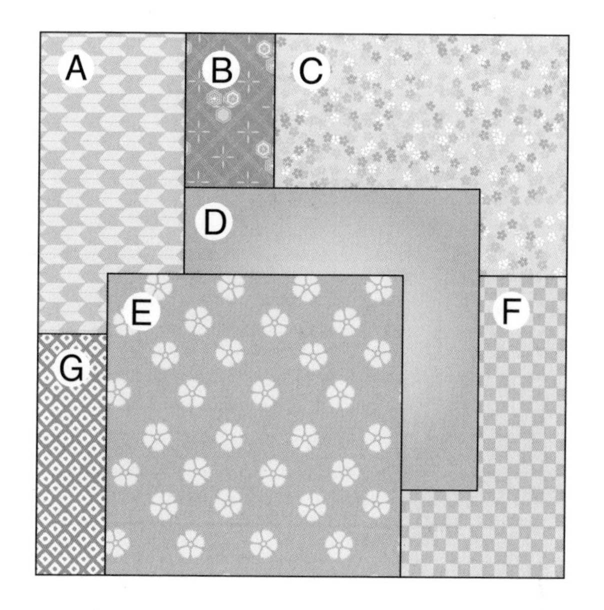

힌트 가장 위에 있는 색종이는 바로 알 수 있다. 아래에 있는 색종이는 순번을 알기가 상당히 힘들기 때문에, 위에서부터 순서대로 생각한다.

Q39 길이의 단위

사각형 칸에 길이의 단위 밀리미터(mm), 센티미터(cm), 미터(m), 킬로미터(km) 중 하나를 넣어서 등호(=)나 부등호(>, <)가 모두 성립하도록 해보자.

등호에서는 '1km = 1000m'와 같이, 양쪽의 길이가 같게 된다.

부등호에서는 기호가 열려 있는 쪽의 길이가 길게 된다.

단위의 환산을 실수하지 않도록 조심하자.

〈예〉

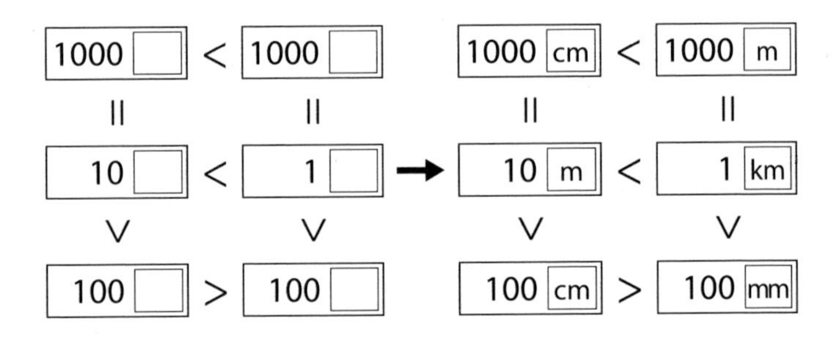

〈문제〉

100□	=	1□	<	1□
∧		‖		‖
10□	>	1000□	<	1000□
∧		∧		∨
10□	>	10□	=	1000□

힌트 1□=1000□가 성립하는 단위의 조합은 두 가지 있지만, 100□=1□이나 10□=1000□가 성립하는 단위의 조합은 딱 한 가지이다.

Q40 아내의 심부름

회사에서 집으로 가던 길에 장을 봐오라는 아내의 부탁을 받았는데, 무엇을, 어디에서, 몇 개 사야 하는지 잊어버렸다. 단편적으로 기억하고 있던 다음의 네 가지 정보를 통해 사야 하는 물건을 알아낼 수 있을까? 장을 볼 물건은 건전지, 맥주, 푸딩 3종류이며, 이것들을 사야 할 장소와 물건의 개수는 모두 다르다.

올바르게 연결되어 있는 칸에 ○를, 바르게 연결되지 않은 칸에 X를 넣어보자.

〈정보〉

① 사야 할 푸딩의 개수는 1개가 아니다.

② 편의점에서 무엇을 살 것인지는 잊어버렸지만 개수가 4개인 것은 틀림없다.

③ 맥주는 반드시 슈퍼에서 산다.

④ 사야 할 건전지의 개수는 백화점에서 사는 물건의 개수보다 많다.

〈행렬표〉

		사야 할 물건			개수		
		건전지	맥주	푸딩	1개	2개	4개
사는 장소	편의점						
	슈퍼						
	백화점						
개수	1개						
	2개						
	4개						

힌트 A=B, B=C가 성립하면 A=C도 성립한다. A=C에 대응하고 있는 칸에도 잊지 말고 ○를 넣자.

3

Advanced Class

고급 클래스

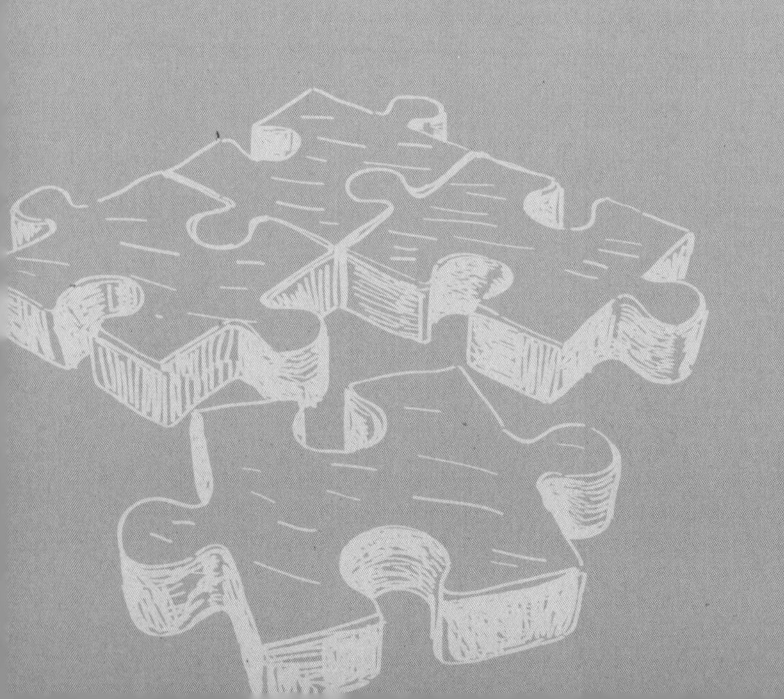

고급 클래스의 문제는 난이도가 높아진다.
세세한 곳까지 조심하면서 주의 깊게 단계적으로,
해답의 프로세스를 확인하자.

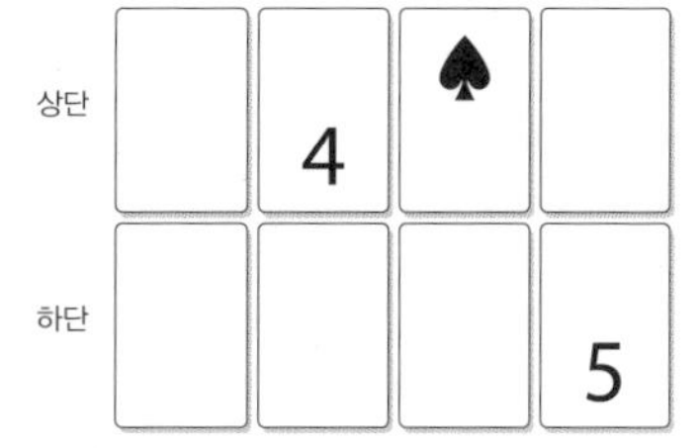

Q41 숫자 십자풀이

아래 리스트의 숫자 13개를 모두 오른쪽의 빈칸에 넣어보자. 각 숫자는 쓰여 있는 그대로, 위에서 아래로, 왼쪽에서 오른쪽 방향으로 넣는다. 반대로 뒤집어서 넣거나 꺾어서 넣을 수 없다.

〈리스트〉

124	323	2211	11234
143	413	2323	14141
234	432	3113	
241		4242	

〈문제〉

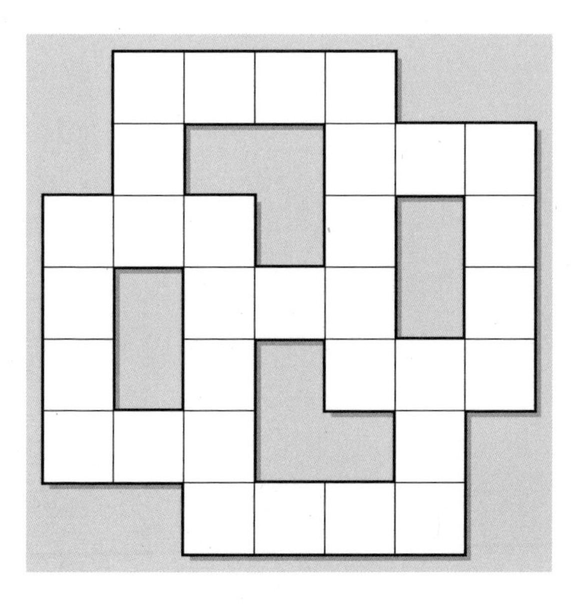

힌트 개수가 가장 적은 다섯 자리 숫자에서부터 생각한다. 둘 다 1로 시작하고 있으므로, 다섯 자리 숫자의 맨 앞에 해당하는 칸에 1을 넣는다.

Q42 트럼프 카드의 배치

트럼프 카드 8장을 오른쪽과 같은 형태로 배치한다. 물론, 실제로 트럼프 카드가 있을 필요는 없다.
이미 들어 있는 수와 마크의 힌트와 다음 아홉 가지 정보를 토대로 마크와 수를 넣어보자.

〈정보〉 ① A(1), 2, 3, 4, 5, 6, 7, 8의 카드가 1장씩 있다.
② ♠, ♥, ♣, ◆가 상단과 하단의 양방향으로 1장씩 있다.
③ 짝수인 4장은 모두 상단에 있다.
④ 같은 마크의 카드는 세로로 연달아 배열되지 않았다.
⑤ 카드 A는 상하 양쪽 끝 어딘가에 있다.
⑥ 카드 3의 마크는 ♠이다.
⑦ 카드 8의 마크는 ♣가 아니다.
⑧ ♥ 카드는 상하 양쪽 끝에는 없다.
⑨ ◆ 카드 2장의 숫자의 합은 11이다.

〈문제〉

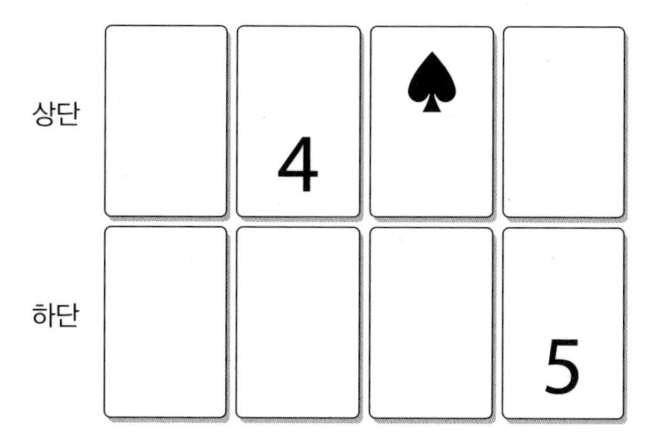

힌트 하단에는 A, 3, 5, 7이 들어간다(③). 그리고 ⑤를 통해 A의 정확한 위치를 알 수 있다.

Q43 빈칸이 많은 나눗셈식

비어 있는 모든 칸에 0~9의 숫자 중 하나를 넣어서 나눗셈을 완성하자. 이때, 같은 숫자가 여러 번 들어가도 된다.
나눗셈 방법을 기억하고 있다면 어려운 가정을 하지 않아도 멋지게 풀 수 있다.

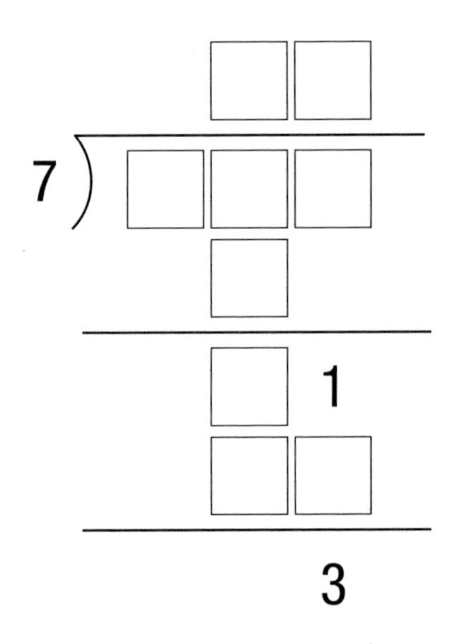

힌트 아래쪽부터 생각한다. □1−□□=3이므로, □1−□8=3이 된다. 구구단의 7단에서, 일의 자리가 8이 되는 것은 어떤 것일까?

Q44 테스트 결과

출제 문제의 수는 모두 7문제이며, A냐 B냐의 선택지에서 하나를 선택하는 테스트를 했다. 배점은 1~5번 문제가 10점, 6번과 7번 문제가 각각 25점으로, 100점 만점이다.

테스트 참가자 4명의 해답과 점수는 아래와 같다. 요코야마의 점수는 몇 점일까?

문제의 정답은 A와 B 둘 중 하나이고, 다른 하나는 오답이다.

	Q.1	Q.2	Q.3	Q.4	Q.5	Q.6	Q.7	계
이토	A	B	A	A	B	A	B	65점
기노시타	A	B	A	B	A	B	B	70점
고이케	B	B	A	B	A	A	A	30점
요코야마	B	A	B	A	A	B	A	?점
	10점	10점	10점	10점	10점	25점	25점	

힌트 Q.6과 Q.7의 한쪽만이 정답인 경우 합계 점수 일의 자리는 5, 양쪽 모두 정답 또는 양쪽 모두 오답인 경우 일의 자리는 0이 된다.

Q45 볼링대회 순위

회사 동료 4명이서 볼링대회를 열었다. 4명의 코멘트를 듣고 그들의 순위와 소속 부서를 알아내는 문제이다. 순위가 같은 사람은 없었고, 소속 부서는 4명 모두 다르다. 또한 자신을 타인인 양 이야기하는 사람은 없다.

올바르게 연결되어 있는 칸에 ○를, 바르게 연결되지 않은 칸에 ×를 넣어보자.

〈코멘트〉 가오루 : 경리인 사람이 1위를 했어요.

다케루 : 영업을 하는 사람은 홍보를 담당하는 사람보다 순위가 높았어요.

도오루 : 저는 총무과 소속이에요. 4위는 아니어서 연습한 보람이 있네요.

와타루 : 저는 3위였어요. 자신 있었는데 말이죠.

〈행렬표〉

		순위				부서			
		1위	2위	3위	4위	영업	경리	홍보	총무
이름	가오루								
	다케루								
	도오루								
	와타루								
부서	영업								
	경리								
	홍보								
	총무								

힌트 '자신을 타인인 양 이야기하는 사람은 없다'는 것이 큰 힌트이다. 예를 들면 가오루는 자신이 경리이면서 타인의 이야기를 하듯 말하는 것이 아니라 그냥 타인의 이야기를 하는 것이므로, 가오루는 경리가 아니다.

Q46 모호족의 방문

어떤 질문에도 옳은 답을 하는 정직족과 어떤 질문에도 정반대로 답하는 거짓족이 사는 마을에 모호족인 사람이 놀러왔다. 모호족은 옳은 답과 정반대의 답을 번갈아 말한다. 최초의 답이 옳은지 정반대인지도 알 수 없는, 아주 골치 아픈 종족이다.

A, B, C 세 사람 중 1명이 정직족, 1명이 거짓족, 1명이 모호족이다. 지금 이 3명에게 3개의 질문을 했더니, 오른쪽과 같은 답을 얻을 수 있었다. 단, 세 번째 질문을 할 때 A는 자리에 없어서 대답을 듣지 못했다.

그럼, 3명이 각각 어떤 종족인지 알아내보자.

〈문제〉

힌트 모호족의 질문 1에 대한 대답은 진실/거짓 중 어느 쪽일까? 질문 1이 진실이라면 질문 3도 진실, 질문 1이 거짓이라면 질문 3도 거짓인 대답이다.

Q47 주사위 전개도

종이를 잘 잘라서 3개의 주사위를 만들고 싶다. 어떻게 자르면 될까?

1개의 주사위는 반드시 1개의 전개도로 만들어야 하며, 여러 개의 조각을 조합하여 만들 수 없다.

또한 주사위에는 1~6의 눈이 1개씩 있으며, 마주한 면의 합계는 7이 된다. 즉, 1의 뒷면은 6, 2의 뒷면은 5, 3의 뒷면은 4가 되어야 한다.

눈의 방향은 생각하지 않는 것으로 한다.

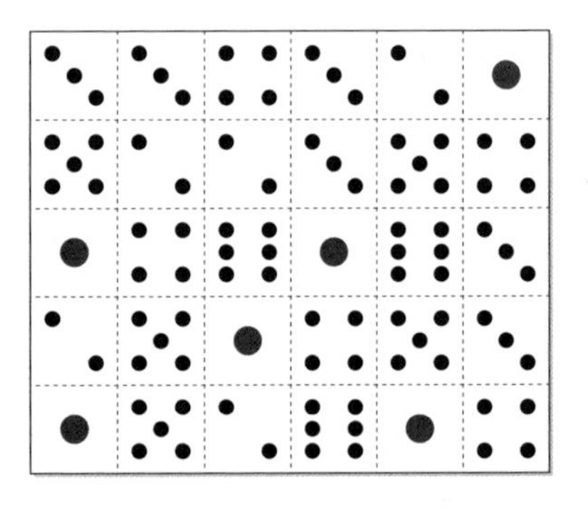

이 페이지를 활용해 풀이 과정을 적으며 문제를 해결해보자.

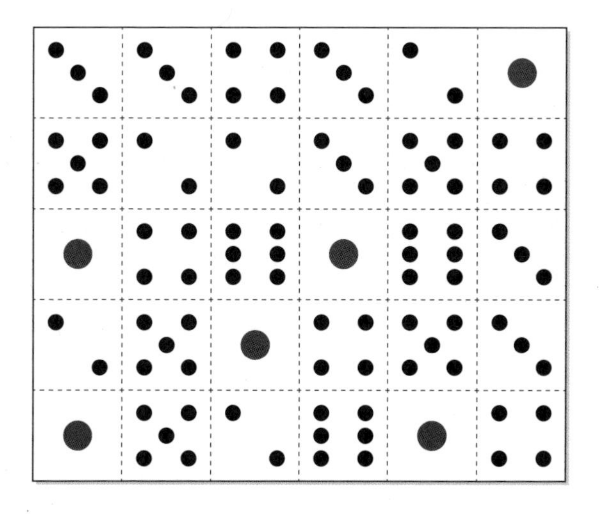

힌트 1개의 주사위에 같은 숫자는 들어가지 않으므로, 같은 숫자가 접하고 있는 곳에는 분할선을 긋는다. 이웃과의 합계가 7이 되는 곳에도 분할선을 그을 수 있다.

Q48 마법의 별

별 모양에 10개의 ○가 그려져 있다. ㄱ~ㅁ은 3개의 짧은 변으로 이루어진 삼각형이다.

삼각형의 꼭짓점에 들어가는 숫자를 더했을 때 합계가 각각 16이 되도록, ○에 1~10의 숫자를 1개씩 넣어보자.

숫자 4, 7, 10은 이미 들어 있다.

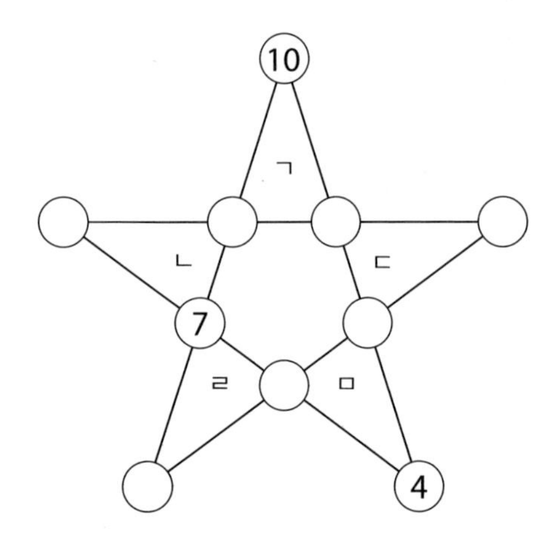

이 페이지를 활용해 풀이 과정을 적으며 문제를 해결해보자.

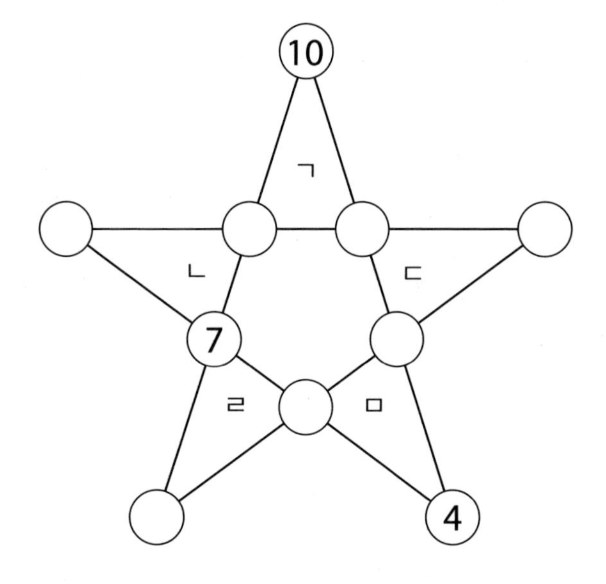

힌트 ㄱ 삼각형에서 남은 2개의 ○에 들어가는 숫자의 합계는 16−10=6이다. 더해서 6이 되는 조합은 1+5 또는 2+4인데, 4는 이미 사용되어 있다.

Q49 하나의 고리

검은 점과 '직(直)', '곡(曲)'이라고 쓰인 ○를 세로나 가로로 이어서 갈라지거나 끊어지지 않은 커다란 하나의 고리를 만들어보자.

'직'이 쓰인 ○에서는 선이 직진하며, '곡'이 쓰인 ○에서는 선이 90도 꺾인다. '직', '곡'이 쓰인 ○는 모두 통과해야 하지만, 검은 점은 통과하지 않는 것도 있다. 또한 검은 점이나 ○는 딱 한 번만 통과할 수 있다.

〈예〉

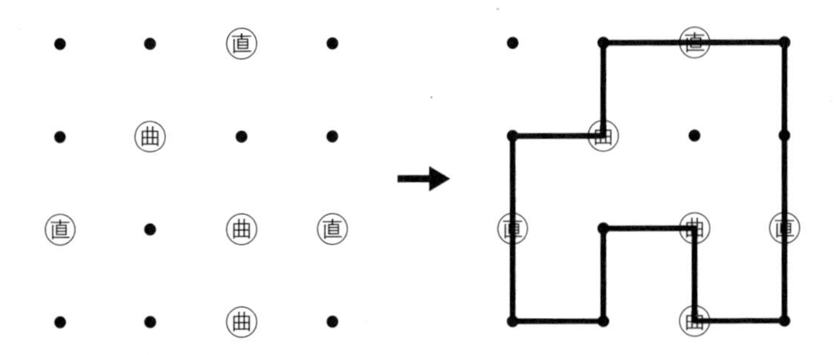

〈문제〉

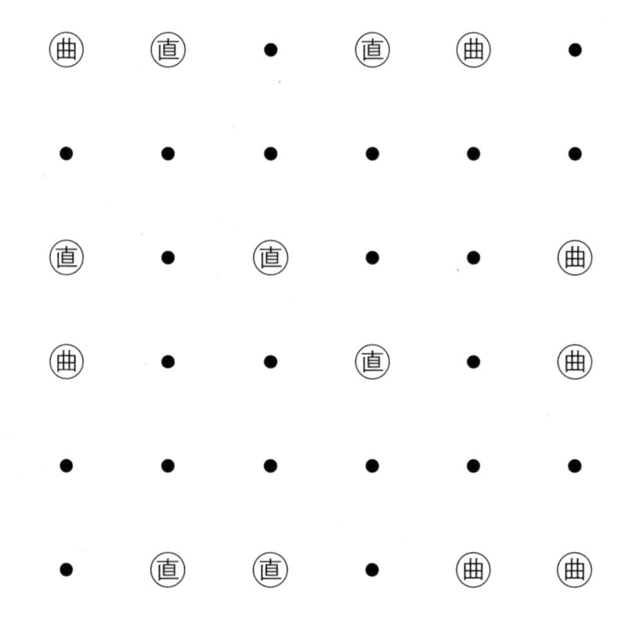

힌트 모서리에 있는 '곡'이나, 가장 바깥쪽에 있는 '직'과 같은 확실한 선부터 먼저 그어보자. 하나의 고리가 되는 것이 포인트이다.

Q50 어떤 기업

이 회사에는 본사, 지점, 창고가 하나씩 있다.
아래 여섯 가지 정보를 가지고 이 회사의 본사, 지점, 창고의 소재지, 대표자, 업무 시작 시간을 알아내보자. 소재지, 대표자, 업무 시작 시간은 모두 다르다.
오른쪽 행렬표에서 올바르게 연결되어 있는 칸에 ○를, 바르게 연결되지 않은 칸에 X를 넣는다.

〈정보〉 ① 본사의 대표자는 나카자와이다.
② 지점이 있는 곳은 기후가 아니다.
③ 창고의 업무 시작 시간은 7시가 아니다.
④ 우에시마는 업무 시작 시간이 8시인 회사의 대표이다.
⑤ 시타무라가 대표인 회사는 니가타에 없다.
⑥ 니가타에 있는 회사는 9시에 업무를 시작한다.

〈행렬표〉

		형태			대표자			업무 시작 시간		
		본사	지점	창고	우에시마	나카자와	시타무라	7시	8시	9시
소재지	도쿄									
	니가타									
	기후									
업무 시작 시간	7시									
	8시									
	9시									
대표자	우에시마									
	나카자와									
	시타무라									

힌트 8시에 작업을 시작하는 회사는 대표자가 우에시마, 9시에 작업을 시작하는 회사는 소재지가 니가타이다. 니가타에 있는 회사의 대표자는 우에시마일까, 우에시마가 아닐까?

The Answers

해답

Q1 다트의 점수

Beginner Class

정답 14점, 26점, 60점인 곳

바깥쪽 원에 있는 점수 3개를 높은 순서대로 더해도 33+26+17=76점으로 100점이 되기에는 부족하다. 즉, 안쪽의 60~90점 가운데 어딘가에 화살이 꽂히지 않으면 100점이 되지 않는다. 그런데 안쪽의 낮은 점수 2개를 더하면 60+70=130점으로, 이 경우 100점을 넘어버린다. 따라서 안쪽에 꽂힌 다트는 1개, 바깥 원에 꽂힌 다트는 2개가 된다.

안쪽의 점수는 모두 일의 자리가 0으로 끝나는 수이다. 합계가 딱 100점이 되려면, 바깥 원의 점수 2개의 합도 일의 자리가 0으로 끝나는 수가 되어야 한다. 이것들을 고려하여 계산을 몇 가지 해보면, 14+26+60일 때 딱 100점이 된다. 따라서 3개의 다트는 14점, 26점, 60점인 곳에 꽂혔다는 것을 알 수 있다.

Q2 행렬의 순서

Beginner Class

앞					뒤
기요시	가쓰아키	A			B

가쓰아키와 기요시의 위치는 바로 확인된다(①, ②). 신지와 지로는 A와 B 중 하나에 들어간다는 것을 알 수 있는데(③), 누가 A에 들어가고 누가 B에 들어가는지는 아직 알 수 없다.

앞					뒤
기요시	가쓰아키	지로			신지

다음으로, 다쿠마는 신지보다 앞에 있는데(④), A가 신지인 경우 이 정보를 만족시킬 수 없다. 따라서 신지는 B, 지로는 A로 결정된다.

정답

앞					뒤
기요시	가쓰아키	지로	다쿠마	마사히코	신지

그다음은 정보 ⑤를 반영하면 완성된다.

Q3 6개의 블록

Beginner Class

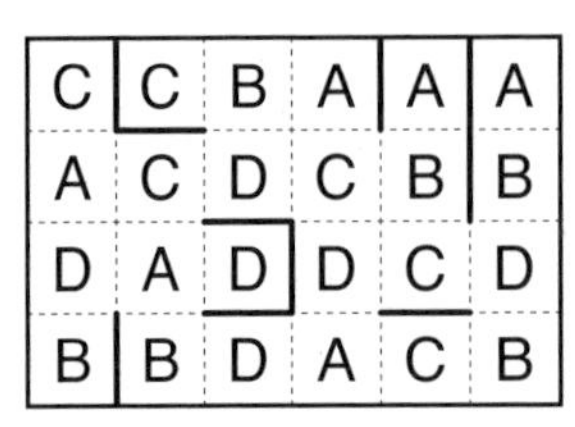

하나의 블록 안에 A, B, C, D의 문자가 하나씩 들어간다는 것은, 같은 블록 안에 같은 문자는 들어가지 않는다는 것이다. 즉, 같은 문자가 접하고 있는 곳은 같은 블록에 들어가지 않으므로, 분할하는 선을 그을 수 있다.

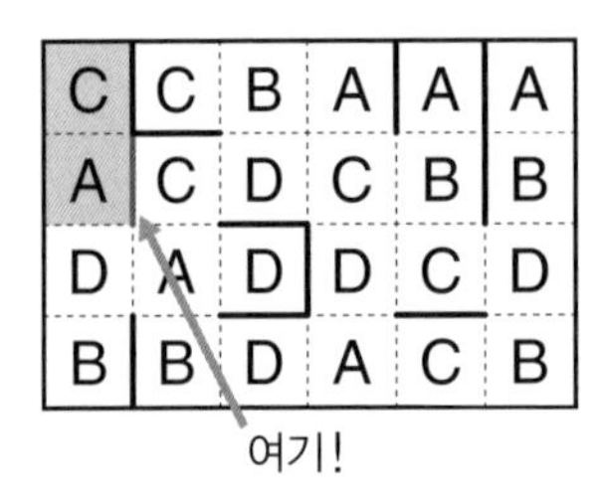

다음으로 왼쪽 위의 회색 부분을 보면, C와 A는 같은 블록이 된다. 즉, A의 오른쪽 옆에 있는 C는 이 블록 안에 넣을 수 없으므로 여기에도 분할선을 그을 수 있다. 오른쪽 아래 첫 번째 칸에도 마찬가지로 생각하여 분할선을 그을 수 있다.

정답

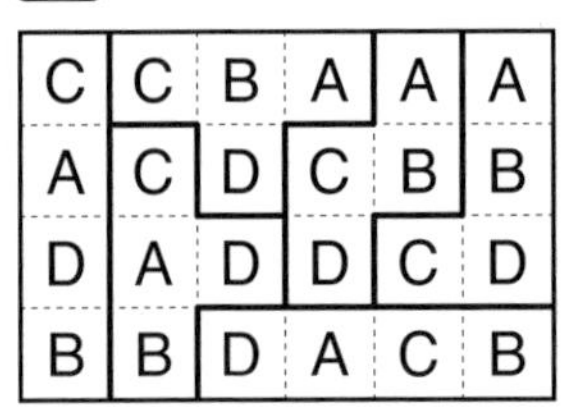

이와 같이 조금씩 각 블록의 영역을 결정해가면, 잘 분할할 수 있다.
완성한 것이 왼쪽 그림이다.

Q4 정사각형 판

Beginner Class

①

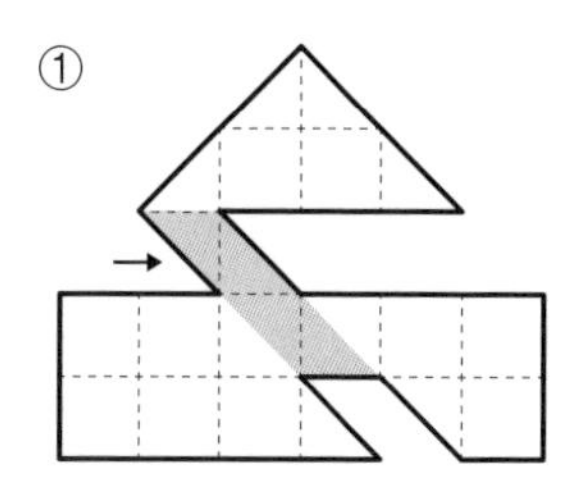

화살표가 가리키는 잘록한 부분은 아주 좁다. 이 부분을 메울 수 있는 조각은 평행사변형의 가느다란 조각뿐이다.

정답

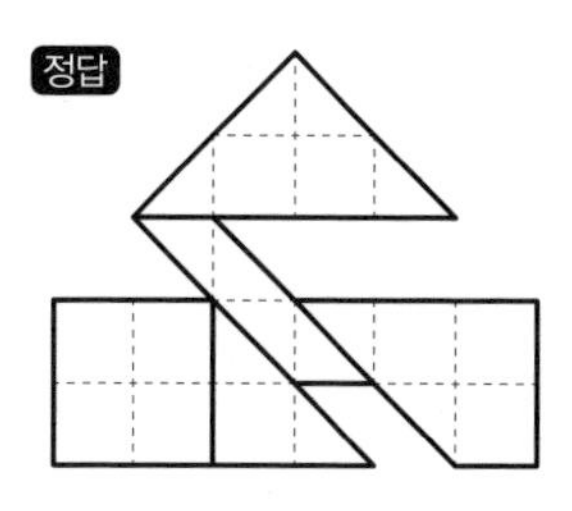

여기가 정해지면, 정사각형 조각은 왼쪽 아래에 넣는 방법밖에 없다는 것을 알 수 있으며, 나머지 조각들도 순차적으로 위치를 알게 된다.

②

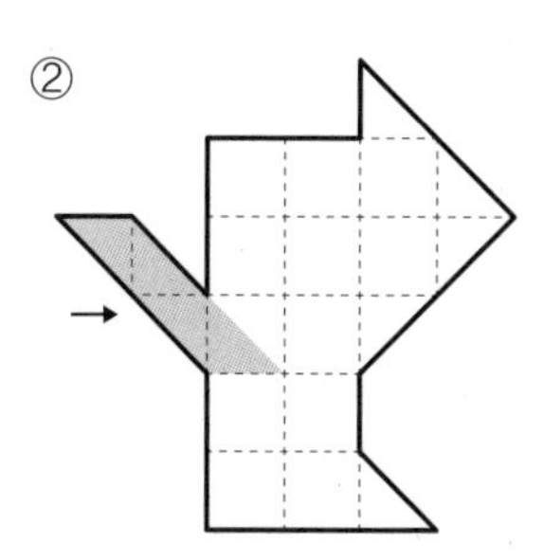

②의 화살표가 가리키는 곳에 가느다란 꼬리 같은 부분이 있다.

정답

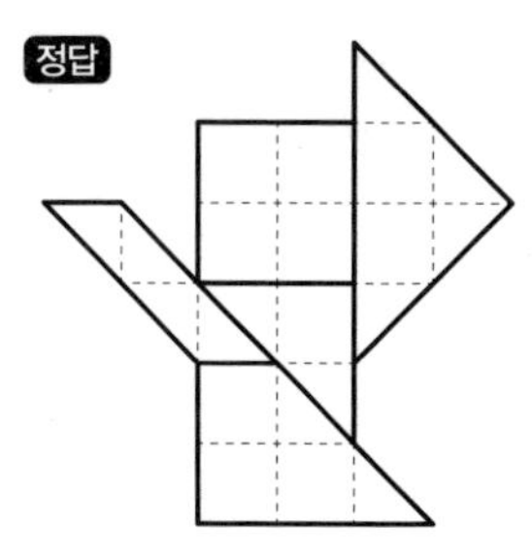

평행사변형 조각을 넣은 다음, 가장 큰 삼각형 조각, 정사각형 조각의 순서대로 위치를 정해가면서 완성한다.

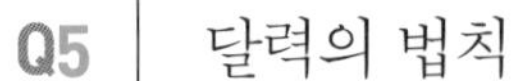

Q5 달력의 법칙

Beginner Class

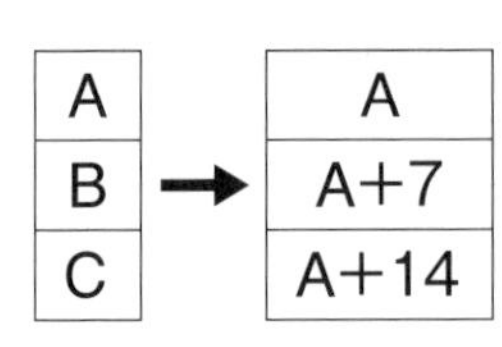

B는 A+7, C는 A+14가 된다. 조각의 B와 C를 A+7, A+14로 바꿔서 넣어 보자.

이 세 칸의 합계가 54가 된다는 것은 A+(A+7)+(A+14)=54라는 것이다.

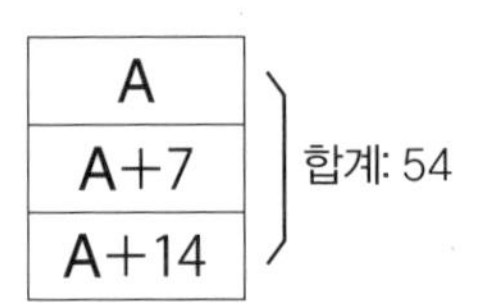

정답

日	月	火	水	木	金	土
1	2	3	4	5	6	7
8	9	10	11	12	13	14
15	16	17	18	19	20	21
22	23	24	25	26	27	28
29	30	31				

54에서 21(7+14의 합계)을 빼면 33이 된다. 여기서 33은 A를 세 번 더한 값이므로, 33을 3으로 나누어 A를 구할 수 있다(33÷3=11). 따라서 A에 들어가는 숫자는 11이고, 왼쪽 그림의 회색 부분이 정답이다.

Q6 정직족과 거짓족

Beginner Class

정답 A는 거짓족, B는 정직족, C는 거짓족

A와 B는 질문 1의 답을 다르게 말했다. 그 말은 A와 B, 둘 중 하나가 정직족이고, 둘 중 하나가 거짓족이라는 것이다. 따라서 '전원이 정직족'이 아니라는 것을 알 수 있으며, A는 거짓족, B는 정직족으로 확정된다.

B는 정직족이므로, 질문 2에 'YES'라고 대답하고 있는 C는 거짓족이 된다.

Q7 별에서 시작

Beginner Class

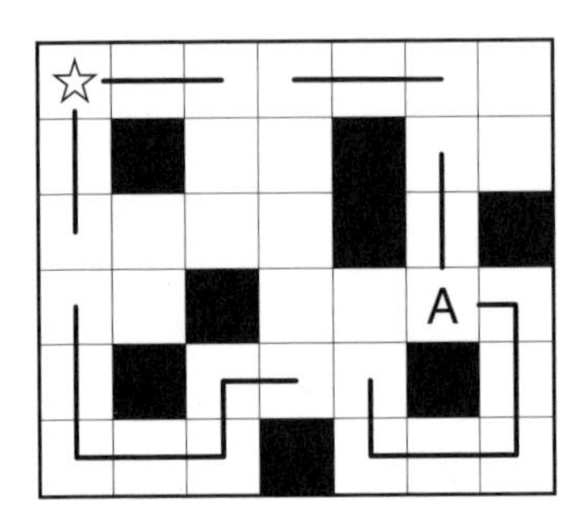

☆에서 시작한 선은 모든 하얀 칸을 지나가므로, 먼저 폭이 한 칸만 있는 곳에 선을 긋는다.

A칸에는 위와 오른쪽에서 2개의 선이 닿아 있는데 정답이 되는 선은 갈라지지 않는 커다란 하나의 링 모양이 되어야 한다. 그런데 A칸에 닿아 있는 2개의 선을 이어주지 않으면 A칸을 십자 모양으로 두 번 지나가게 되므로 이 2개의 선을 이어준다.

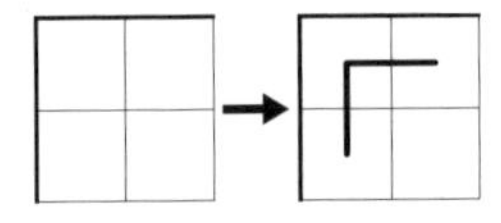

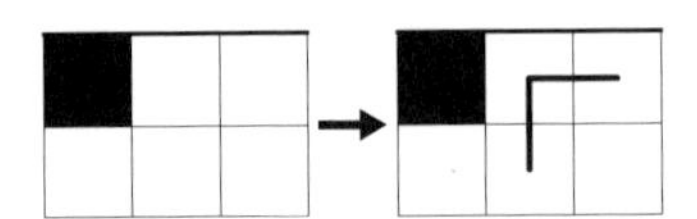

면의 가장 바깥쪽 모서리나 검은 칸에 의해 만들어진 각의 부분은 선을 긋는 방법이 한 가지뿐이므로 왼쪽 그림과 같이 경로를 확정한다.

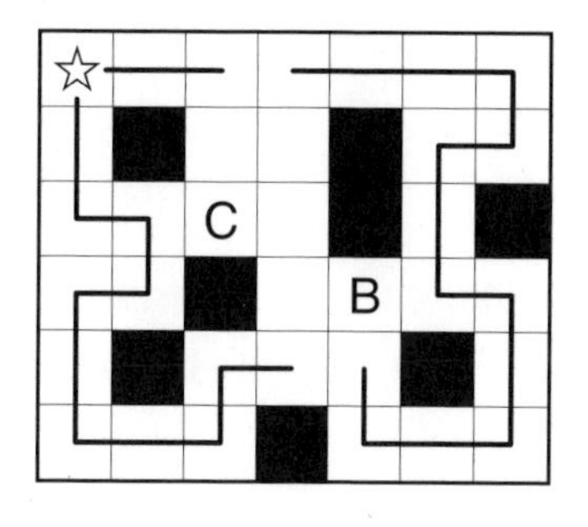

각의 부분에 선을 긋고, 앞에서 설명한 대로 경로를 이어준 것이 왼쪽 그림이다. 여기서 B칸과 C칸을 잘 살펴보면 이 2개의 칸은 각각 오른쪽 칸과 왼쪽 칸에 선이 그어지면서 '각'이 되었다. 따라서 이 2개의 칸도 앞에서와 마찬가지로 선을 그어 경로를 확정한다.

정답

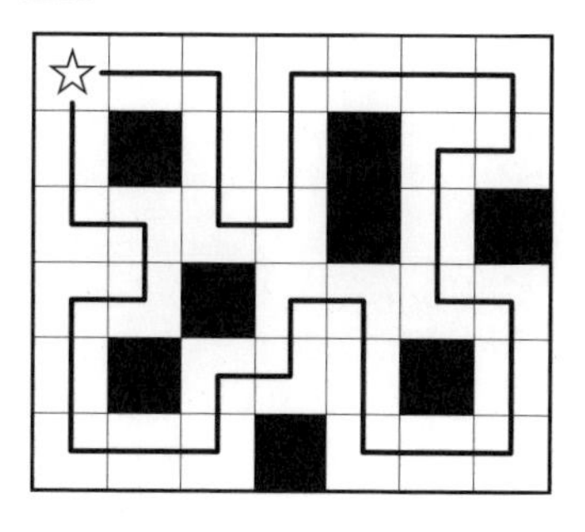

경로가 완성되었다.

Q8 5명의 직급

Beginner Class

		오가와	나가타	다카마쓰	마쓰바라	오니시
위	사장					×
↑	전무	×		×		
	부장					
↓	계장					
아래	평사원	×		×	×	

오가와와 다카마쓰는 직급에 '장'이 들어간다고 했으므로(①), 평사원도 아니고 전무도 아니다. 두 사람의 평사원과 전무 칸에 ×를 넣는다. 마쓰바라는 오니시보다 위의 직급이므로(②), 가장 아래인 평사원이 아님을 알 수 있다. 마찬가지로 오니시는 가장 높은 사장도 아니다. 여기에도 각각 ×를 넣는다.

		오가와	나가타	다카마쓰	마쓰바라	오니시
위	사장		×			×
↑	전무	×	×	×		
	부장		×			
↓	계장		×			
아래	평사원	×	○	×	×	×

오니시는 평사원이 아니므로(③), 오니시의 평사원 칸에 ×를 넣으면, 평사원 칸에 ×가 들어가지 않은 사람은 나가타뿐이다. 따라서 평사원은 나가타이며, 나가타의 평사원 이외의 칸에 ×를 넣는다.

		오가와	나가타	다카마쓰	마쓰바라	오니시
위	사장		×		×	×
↑	전무	×	×	×		×
	부장		×			
↓	계장		×		×	
아래	평사원	×	○	×	×	×

마쓰바라의 사장 칸에 ×를 넣는다(④). 정보 ②의 상하관계에서, 마쓰바라는 계장이 아니고, 오니시는 전무가 아니다. 여기에도 ×를 넣는다.

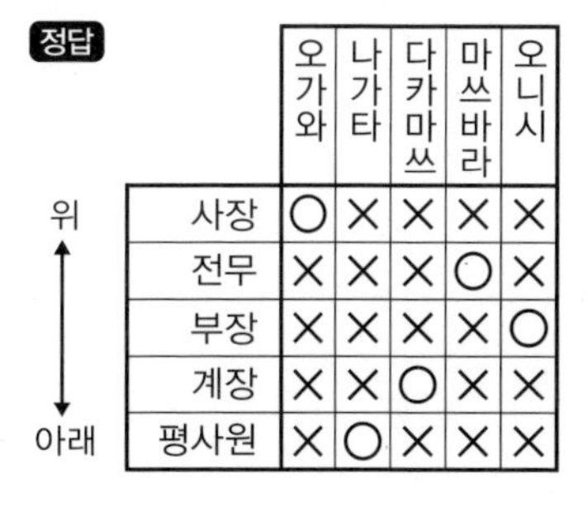

정답

		오가와	나가타	다카마쓰	마쓰바라	오니시
위	사장	○	×	×	×	×
↑	전무	×	×	×	○	×
	부장	×	×	×	×	○
↓	계장	×	×	○	×	×
아래	평사원	×	○	×	×	×

이상에서 전무일 가능성이 있는 사람은 마쓰바라뿐이다. 남아 있는 정보 ⑤를 참고하여 5명의 직급을 확인할 수 있다.

Q9 1~9의 계산식

Beginner Class

			+	7	=	
		+		−		
	÷		=	2		
		=		=		
			+	5	=	

먼저 7−2=5임을 이미 알고 있다. 7의 왼쪽 칸에 3 이상이 들어가면 덧셈의 답이 10 이상이 되므로 계산식이 성립할 수 없다. 2는 이미 사용되고 있으므로 1이 들어간다.

		1	+	7	=	8
		+		−		
	÷		=	2		
		=		=		
			+	5	=	

여기까지 하면 남은 숫자는 3, 4, 6, 9이다. 다음으로 생각할 것은 하단의 덧셈. 남은 숫자와 5로 답이 성립하는 조합은 4+5=9뿐이다.

정답

		1	+	7	=	8
		+		−		
6	÷	3	=	2		
		=		=		
		4	+	5	=	9

남은 부분을 메우면 계산식이 완성된다.

Q10 블랙아웃

Beginner Class

정답 ㄴ, ㄷ, ㄹ

5장의 타일 모두는 아홉 칸 중에서 세 칸이 검게 되어 있다. 3장만 사용하여 아홉 칸을 까맣게 하는 것이므로, 검은 부분은 겹치지 않는다. 이것을 토대로 생각해본다.

타일의 E 부분은 회전시켜서 방향을 바꿔도 언제나 같은 위치에 있다. ㄱ~ㅁ 중에서 E 부분이 검은 것은 ㄷ뿐이므로, ㄷ은 반드시 사용한다는 것을 알 수 있다.

다음으로 타일을 모서리 부분(하얀 칸)과, 모서리에 둘러싸인 부분(연회색 칸)으로 나누어서 생각한다. 하얀 칸과 연회색 칸은 회전시켜도 서로 겹치지 않는다. 즉, 하얀 칸과 연회색 칸은 독립적으로 생각할 수 있다. 타일은 모두 연회색 칸 중에서 최소한 하나는 검고, 이미 확정된 타일 ㄷ은 연회색 칸 중에서 두 칸이 검다. 여기서 타일 ㄱ과 ㅁ을 살펴보면 둘 다 연회색 칸 중에 두 칸이 검다. 어느 것을 사용해도 연회색 칸은 모두 검게 되어버리며, 남은 1장의 타일을 어떤 것으로 하더라도 연회색 칸의 검은 부분이 겹치게 된다. 따라서 ㄱ과 ㅁ은 둘 다 사용할 수 없으므로 타일 ㄴ과 ㄹ이 ㄷ과 함께 답이 된다.

Q11 기숙사에 사는 사람

Beginner Class

201 우메자와	202	203
101 사쿠라다	102	103 마쓰모토

①, ②의 정보로 103호에 마쓰모토가, 101호에 사쿠라다가 살고 있음을 알 수 있다. 이어서, 우메자와는 사쿠라다의 방 바로 위층에 살고 있다고 했으므로(④), 우메자와의 방은 201호이다.

201 우메자와	202	203
101 사쿠라다	102 가쓰라가와	103 마쓰모토

하야시와 스기야마는 같은 층에 살고 있고(③), 1층에 남은 방은 하나이므로, 둘의 방은 2층에 있다. 따라서 102호는 아직 방을 확인하지 못한 가쓰라가와의 방이다.

정답

201 우메자와	202 스기야마	203 하야시
101 사쿠라다	102 가쓰라가와	103 마쓰모토

하야시는 가쓰라가와의 위층에 살고 있지 않으므로(⑤), 202호는 스기야마의 방, 남은 203호가 하야시의 방이다.

Q12 성냥개비 집

Beginner Class

정답 41개

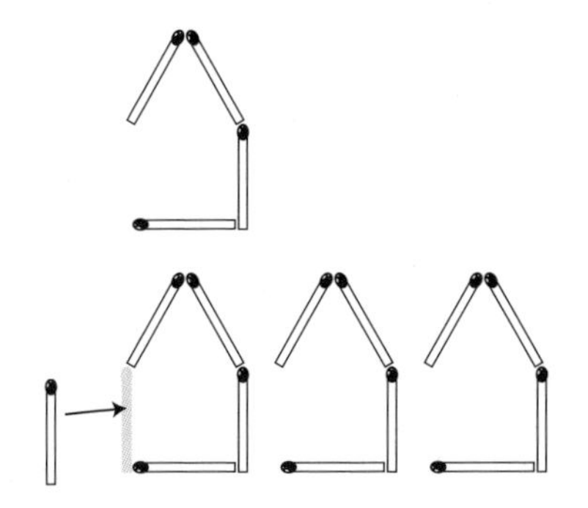

집이 1개에서 2개로 늘어날 때 성냥개비는 4개가 늘어난다. 집이 2개에서 3개로 늘어날 때도 마찬가지이다. 이것에서 집이 1개 늘어날 때 성냥개비는 4개 늘어난다는 것을 알 수 있다.

단, 맨 왼쪽 집만은 성냥개비 1개가 더 필요하다. 마지막에 이 1개를 더하면 집 모양이 완성된다. 따라서 집이 10개인 경우, 4개짜리가 10개이므로 사용하는 성냥개비의 개수는 $4\times10+1=41$개이다.

Q13 추의 무게

Beginner Class

정답 무겁다 B > A > D > C 가볍다

무겁고 가벼운 관계만 맞는다면 추에 적당한 수치를 적용해서 풀어도 답에는 변동이 없다. 예를 들어 C=10g, D는 C보다 무거우므로 20g이라고 하면, A는 30g, B는 30g보다 무거운 것이 된다.

Q14 사다리 타기

Beginner Class

정답 ㄷ, ㄹ, ㅁ

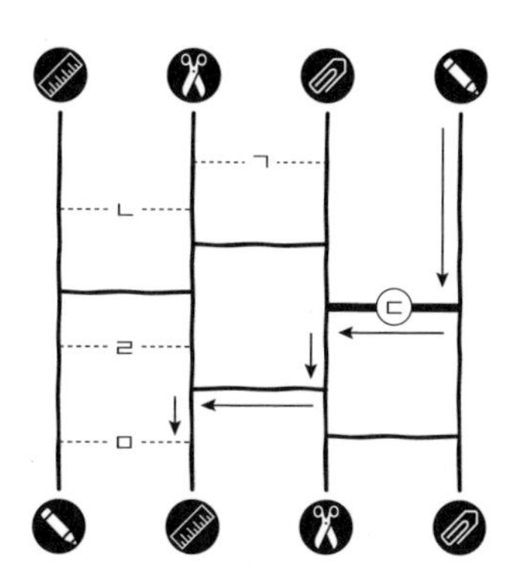

연필은 오른쪽 끝에서 왼쪽 끝까지 이동해야 한다. ㄷ을 통과하지 않으면 그대로 아래로 내려가서 가위에 도달하고 만다. 따라서 ㄷ은 반드시 통과한다.

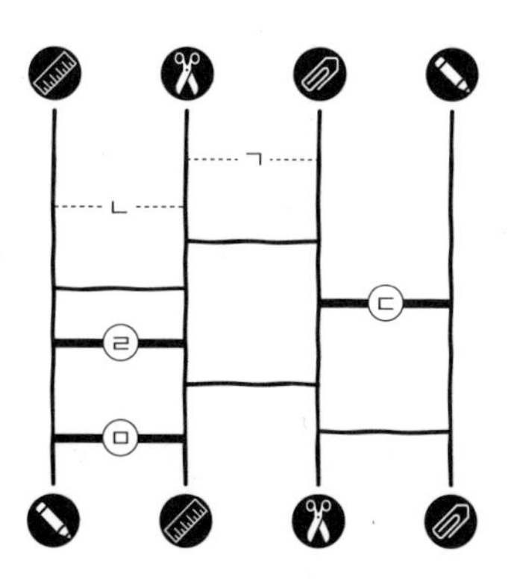

ㄷ을 통과한 후, 그 아래의 가로선을 통과하여 ㅁ 부분에 온다. 여기도 통과하지 않으면 연필에 도달하지 못하므로 ㅁ의 가로선도 꼭 필요하다.
남은 것은 다른 아이콘의 움직임을 생각하면 답을 알 수 있다.

Q15 부등호 숫자 퍼즐

Beginner Class

4	<	5						
	>			**1**				
1	<	2	<	3	<	4	<	5
				4			>	
						1	<	**2**

먼저 가운데의 가로줄을 보자. 이 줄은 부등호가 같은 방향으로 5칸 모두에 걸쳐 배열되어 있다. 여기에는 왼쪽부터 1, 2, 3, 4, 5가 순서대로 들어간다. 다음으로 왼쪽 위의 4 옆에 들어갈 숫자를 생각한다. 4를 제외한 1~5 중 4보다 큰 숫자는 5뿐이므로, 여기에는 5가 들어간다. 마찬가지로 오른쪽 아래의 2 옆에는 1이 들어간다.

정답

4	<	5		2		3		1
5	>	3		**1**		2		4
1	<	2	<	3	<	4	<	5
2		1		**4**		5	>	3
3		4		5		1	<	**2**

그다음에는 같은 줄에 같은 숫자가 들어가지 않도록, 그리고 부등호가 성립하도록 주의하면서 숫자를 넣어간다.

Q16 동네 야구 토너먼트

Beginner Class

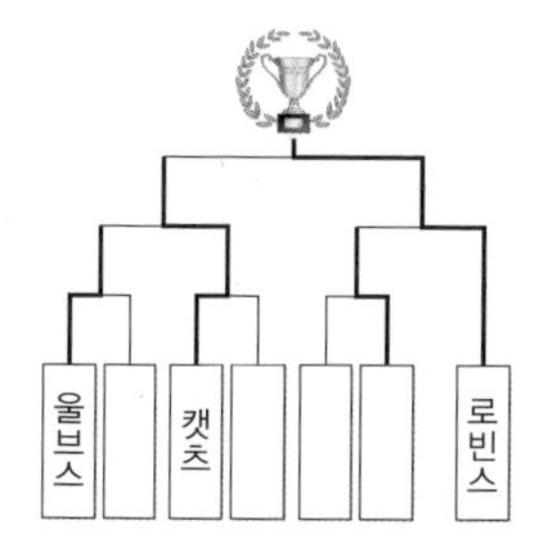

①, ②를 통해 우승팀인 로빈스는 맨 오른쪽에, 두 번 이겨서 로빈스와 결승전을 치렀을 캣츠는 왼쪽에서 세 번째에 들어간다는 것을 알 수 있다.

다음으로 울브스는 래빗스, 캣츠와 시합을 했으므로(③), 맨 왼쪽 또는 캣츠의 오른쪽 옆인데, 캣츠의 오른쪽 옆일 경우 1회에 패배한 것이 되어 래빗스와 시합을 할 수 없다. 따라서 울브스는 맨 왼쪽으로 정해진다.

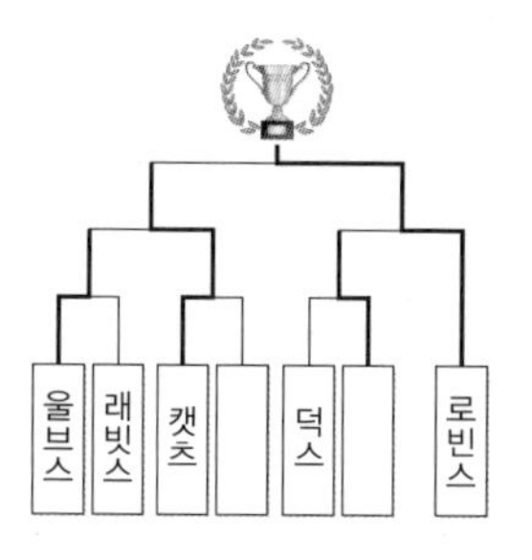

울브스의 2회전 상대팀이 캣츠이므로, 래빗스는 울브스의 1회전 상대팀이 된다.

덕스는 로빈스, 캣츠와 시합하지 않았으므로(④), 남아 있는 3개의 빈칸 중 오른쪽에서 세 번째가 덕스의 자리이다.

정답

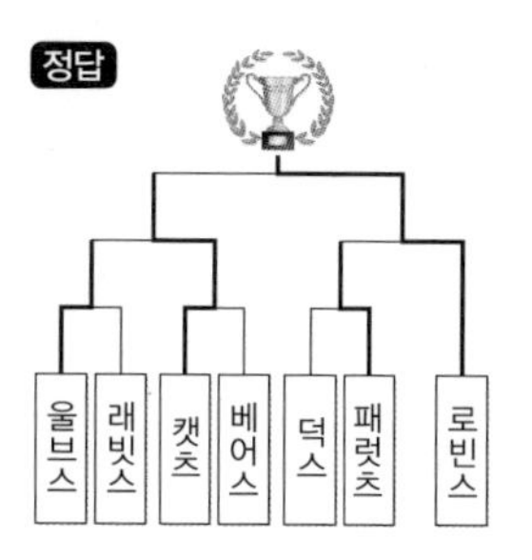

마지막으로 남은 2개의 빈칸 중 한쪽은 1회전에서 승리하고 다른 한쪽은 패배했다. 패럿츠가 베어스보다 승리한 횟수가 많으므로(⑤), 오른쪽에서 두 번째가 패럿츠이고, 베어스는 캣츠의 1회전 상대팀이 되면서 토너먼트표가 완성되었다.

Q17 골에 이르는 길

Beginner Class

정답 2, 4, 5

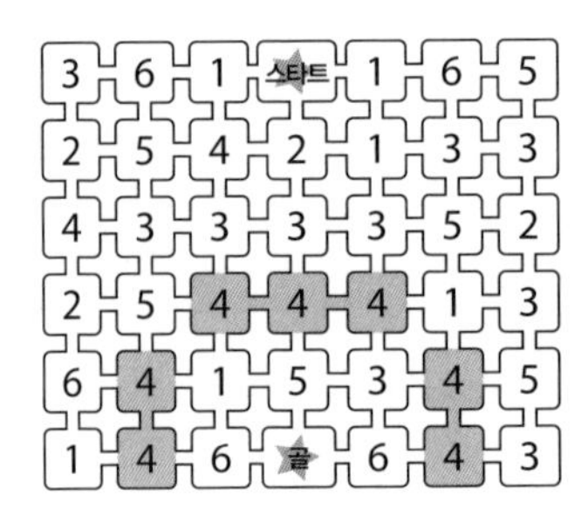

골의 주변을 숫자 4가 둘러싸고 있다. 나아가는 방향은 가로 또는 세로이므로, 골에 닿으려면 4를 반드시 지나간다. 따라서 4는 사용하는 숫자이다.

다음으로, 스타트에 접한 3개의 칸은 숫자 1 또는 2이고, 마찬가지로 골에 접한 것은 5 또는 6이다. 따라서 1, 2 둘 중 하나는 반드시 지나가고, 5와 6도 둘 중 하나는 반드시 지나간다. 여기까지에서 사용하는 숫자가 1 또는 2, 4, 5 또는 6으로 좁혀졌다.

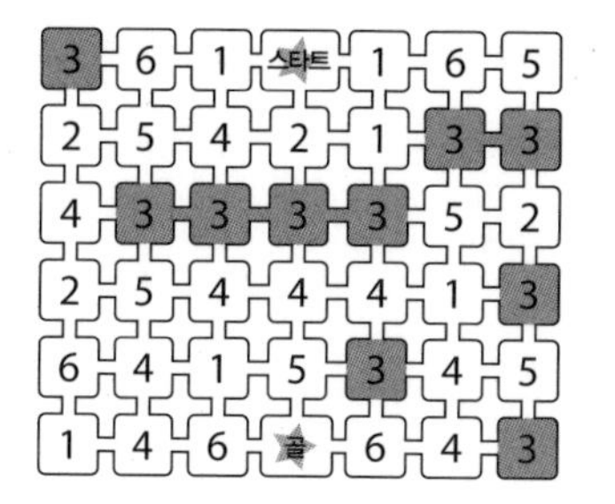

사용할 수 있는 숫자는 세 가지뿐이므로, 결과적으로 3은 사용할 수 없는 숫자가 된다. 여기서 사용할 수 없는 3을 검게 칠한다. 그렇게 하면 길이 보이게 된다.

골에 도달하려면 왼쪽 끝의 4를 지나가는 방법뿐이다. 여기를 지나가려면 반드시 숫자 2, 4, 5를 지나가야 한다. 3개의 숫자밖에 선택할 수 없으므로 1과 6은 제외하게 된다.

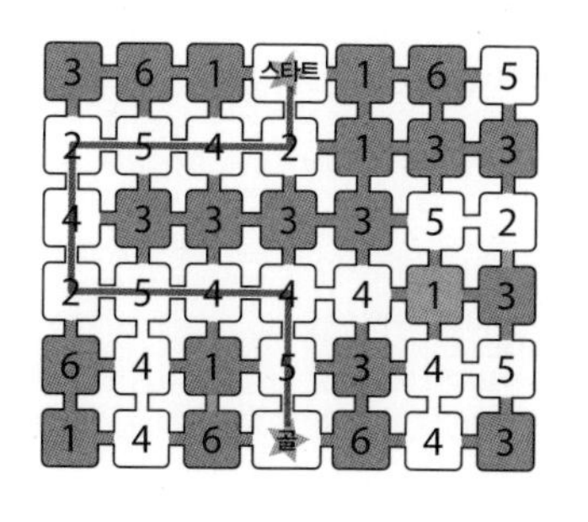

정답은 2, 4, 5이며, 왼쪽 그림과 같은 경로가 된다.

Q18 3개의 시계

Beginner Class

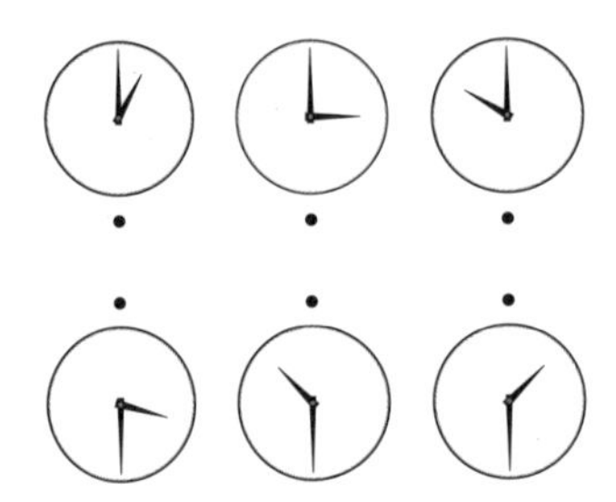

정답

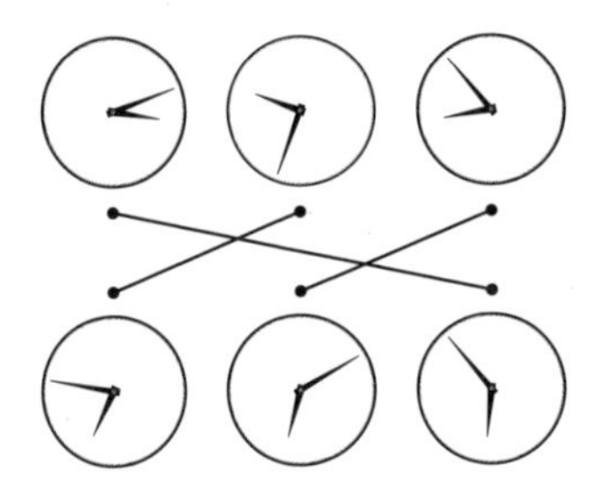

긴바늘은 30분이 지나면 맞은편으로 이동한다. 즉, 180도 움직인다. 짧은바늘은 1시간에 시각을 나타내는 숫자 1개만큼, 구체적으로는 360÷12=30도 움직인다. 30분이면 그 절반, 즉 30÷2=15도 움직이지만, 15도는 180도에 비해 이동량이 아주 적다. 이것은 문제를 풀 때 중요한 힌트가 된다.

여기서 쉽게 풀 수 있는 방법을 하나 생각해보자. 왼쪽 위의 그림과 같이 긴바늘의 방향을 통일시켜 생각한다. 위의 시계는 문자판에서 12에 해당하는 위치에, 아래의 시계는 6에 해당하는 위치에 긴바늘이 오도록 놓아보자. 그리고 짧은바늘에 주목하여, 위의 시계부터 시계 방향으로 약간만 움직인 것과 짝을 지어주면 답을 알 수 있다.

Q19 동전 계산

Beginner Class

○	+	◎	+	○	=	115원
+		+		+		
50◎	+	1	+	50◎	=	101원
+		+		+		
500	+	◎	+	○	=	650원
‖		‖		‖		
560원		56원		250원		

맨 아래의 가로줄의 합계는 650원이므로 이 줄에는 반드시 500원이 하나 들어가야 한다. 세로줄의 합계를 보면, 왼쪽 끝 세로줄을 제외하고 모두 500원 미만이므로, 500원이 들어가는 것은 왼쪽 아래의 동전임을 알 수 있다.

한가운데 가로줄의 합계는 101원으로, 끝자리에 있는 수 1원은 ◎가 아닌 중앙에 들어간다. 남은 ◎에는 양쪽 모두 50원이 들어가며, 합계가 560원인 왼쪽 끝 세로줄도 동전이 정해진다. 그다음에는 합계와 원 모양에 주의하면서 해당되는 동전을 채워간다.

정답

10	+	5◎	+	100	=	115원
+		+		+		
50◎	+	1	+	50◎	=	101원
+		+		+		
500	+	50◎	+	100	=	650원
‖		‖		‖		
560원		56원		250원		

Q20 본사를 찾아라!

Beginner Class

	북아메리카		남아메리카		아시아	
	미국	캐나다	브라질	페루	인도	베트남
원더 사			×	×	×	×
투톤 사			×	×		
슬리프 사		×	×			×
포크 사						
파이스 사			×			
시클 사	×	×	×	×		

①~⑤의 정보를 통해 왼쪽 그림과 같이 ×를 넣을 수 있다. 이 단계에서 브라질에 × 표시가 되지 않은 회사는 포크 사뿐이므로 포크 사와 브라질이 만나는 칸에 ○를 넣는다.

	북아메리카		남아메리카		아시아	
	미국	캐나다	브라질	페루	인도	베트남
원더 사			×	×	×	×
투톤 사			×	×		
슬리프 사	×	×	×	×		×
포크 사	×	×	○	×	×	×
파이스 사	×	×	×	○	×	×
시클 사	×	×	×	×		

포크 사와 파이스 사의 본사는 같은 지역에 있으므로(⑦), 파이스 사와 페루가 만나는 칸에 ○를 넣는다.

그다음, 원더 사의 본사는 북아메리카 나라 중 어디일까? 슬리프 사의 본사는 원더 사의 본사가 있는 북아메리카에는 없으므로(⑥), 미국은 후보에서 제외한다. 즉, 슬리프 사의 본사가 있는 나라는 인도이다.

정답

	북아메리카		남아메리카		아시아	
	미국	캐나다	브라질	페루	인도	베트남
원더 사	○	×	×	×	×	×
투톤 사	×	○	×	×	×	×
슬리프 사	×	×	×	×	○	×
포크 사	×	×	○	×	×	×
파이스 사	×	×	×	○	×	×
시클 사	×	×	×	×	×	○

마지막 정보 ⑧을 참고하면 원더 사와 투톤 사의 본사가 북아메리카 어느 국가에 있는지 알 수 있다.

Q21 삼분할

Intermediate Class

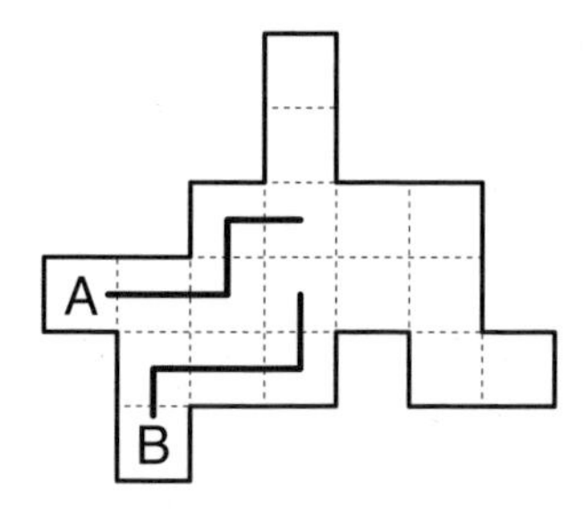

도형 안에 있는 칸은 모두 18칸이므로 18÷3=6, 즉 블록 하나에 6칸씩 들어간다. 왼쪽 아랫부분의 A칸과 B칸이 다른 블록이라 가정하고, 같은 블록이 되지 않도록 영역을 정해가면, A칸을 포함하는 블록이 위쪽으로 튀어나온 부분을 막게 되어 7칸이 된다.

따라서 이 가정은 틀렸으며, 다시 A칸과 B칸을 같은 블록의 칸이라고 가정해 블록을 나누어본다.

A와 B를 연결하면 4칸이고, 6칸을 채우기 위해서는 2칸을 더 포함시켜야 한다. 블록은 3개 모두 같은 형태이므로, A와 B를 연결한 블록에 위쪽 회색 부분처럼 튀어나온 부분을 연결해 만들어야 한다.

2칸 튀어나온 부분이 될 것 같은 6칸으로 된 블록을 몇 가지 시도해보면 답을 찾을 수 있다.

정답

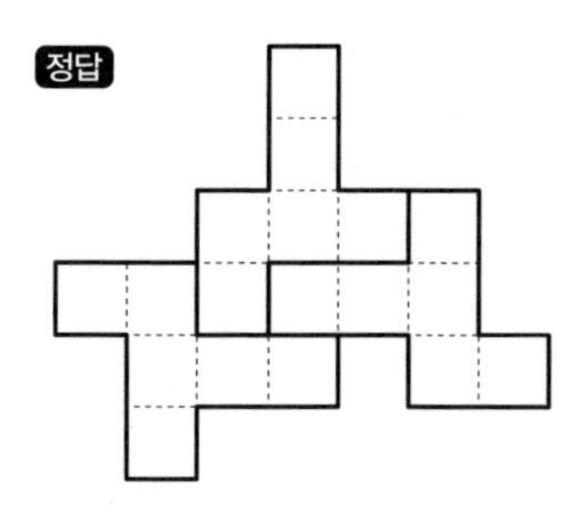

Q22 숫자 샌드위치

Intermediate Class

오른쪽 끝에 놓여 있는 4와 짝을 이루는 4가 적힌 다른 카드의 장소는 ④로 이미 정해져 있다. 1과 짝을 이루는 다른 1을 놓을 수 있는 장소는 두 곳이지만 ④가 정해짐으로써 왼쪽의 그림과 같이 ①로 정해진다.

② _ 4 _ 1 _ 1 4

남은 숫자는 2와 3이다. 맨 왼쪽에 무엇이 들어갈지를 생각하자.
맨 왼쪽에 3을 넣을 경우, 거기에서 3장만큼 떨어진 카드에는 이미 1이 들어가 있으므로 3을 넣을 수 없다.
따라서 맨 왼쪽은 2로 정해진다.

정답

2 3 4 2 1 3 1 4

왼쪽 그림은 숫자가 모두 채워진 모습이다.

Q23 자리를 바꾼 직원

Intermediate Class

정답 **히노와 미즈자와, 가나이와 쓰치다**

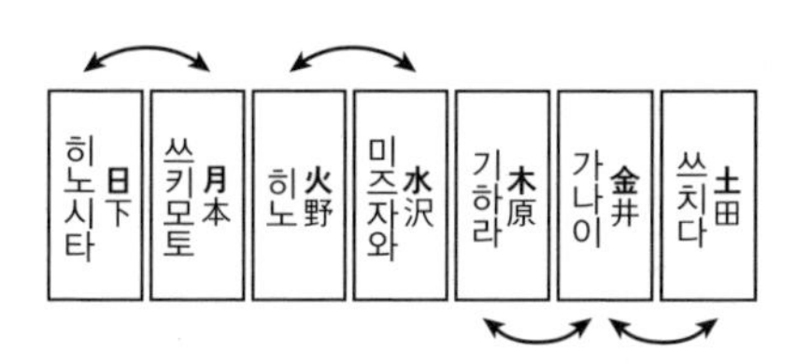

쓰키모토와 히노가 이웃하지 않으려면(①), 히노시타와 쓰키모토의 자리를 바꾸거나, 히노와 미즈자와의 자리를 바꿔야 한다. 또 기하라와 쓰치다가 이웃하려면(②), 기하라와 가나이의 자리를 바꾸거나, 가나이와 쓰치다의 자리를 바꿔야 한다.

정보 ①에서 두 가지, 정보 ②에서도 두 가지의 자리 바꾸기 패턴이 있으므로, 2×2=4, 즉 네 가지의 자리 바꾸기에 대해서 생각하면 된다는 것을 알 수 있다.

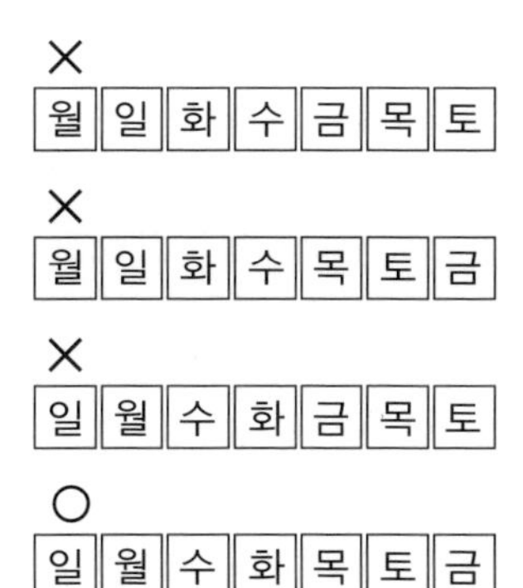

네 가지뿐이므로, 모든 패턴을 확인해 보자.

왼쪽 그림에서 맨 아래의 조건으로 자리를 바꿨을 때 정보 ③, ④와 일치하게 된다.

Q24 영단어 십자말풀이

Intermediate Class

정답

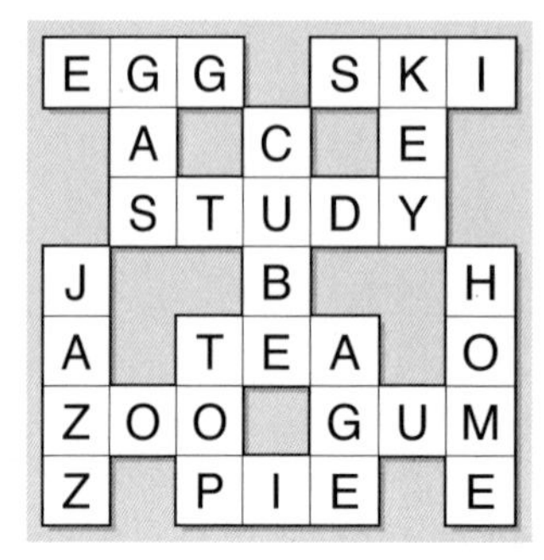

14개의 영단어 중에서 알파벳 5개로 이루어진 단어는 딱 1개뿐이므로, 5개짜리 빈칸에 STUDY를 써넣는다. 그러면 STUDY의 U와 교차하는 알파벳 4개짜리 단어는 CUBE이므로, 이것도 넣을 수 있다.

알파벳 3개짜리 단어는 많지만, 확실하게 정해질 수 있는 곳부터 차근차근 메워간다.

Q25 예스맨과 노맨

Intermediate Class

정답 아리타, 하라다, 호리타는 예스맨

우에다, 구라타, 도쿠다, 후쿠다는 노맨

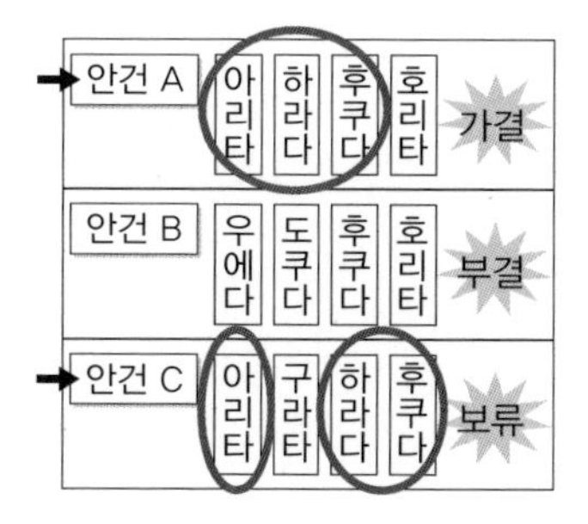

안건 A에 참석한 아리타, 하라다, 후쿠다가 안건 C에도 참석했으므로 이 3명을 그룹으로 묶어서 생각한다.

안건 C는 보류이다. 즉, 예스맨과 노맨이 2명씩 있는 것이다. 동그라미가 쳐진 3명 중에 노맨이 2명 있는 경우, 안건 A는 예스맨의 수가 부족하여 가결될 수 없다. 즉, 3명 가운데 노맨은 1명뿐이며, 예스맨이 2명 있는 것이다. 따라서 안건 C의 구라타는 노맨으로 정해진다.

또한 안건 A에서 호리타가 노맨이면 가결할 수 없으므로, 호리타는 예스맨으로 정해진다.

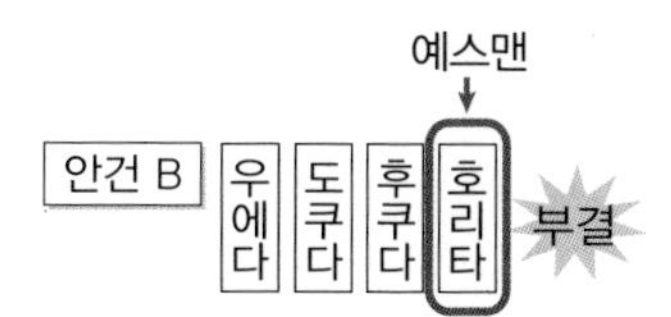

다음으로 안건 B에서 예스맨인 호리타 외에 1명이라도 예스맨이 있으면 보류가 되므로 남은 3명은 노맨이다.

Q26 거짓인 패널

Intermediate Class

정답 2와 6

1 진실	2	3
4 진실	5	6

1번 패널이 진실이라면 4번도 진실이 되고, 1번 패널이 거짓이면 4번도 거짓이 된다. 이 2장은 '모두 진실'이거나 '모두 거짓' 둘 중 하나이다.
둘 다 거짓인 경우, 패널 번호의 합계가 5가 되므로 6번이 진실이 된다. 그러면 5번이 거짓이 되어 거짓인 패널이 3장이 되므로, 주어진 거짓인 패널이 2장이라는 전제에 어긋난다.

1 진실	2	3
4 진실	5 진실	6 거짓

다음으로 6번 패널이 진실인 경우, 남은 패널에서 번호의 합계가 5가 되는 것은 2번과 3번의 조합뿐이다. 2번과 3번이 거짓이 되면, 2번의 '상하 또는 좌우로 접해 있다'가 진실이 되어 모순이다.
따라서 6번 패널은 거짓, 그리고 5번이 진실임을 알 수 있다.

1 진실	2 거짓	3 진실
4 진실	5 진실	6 거짓

남은 것은 2번과 3번이다. 어느 하나가 진실, 어느 하나가 거짓인데, 어느 쪽이든 반드시 상단에 거짓이 있는 것이므로, 3번의 '상단과 하단에 1장씩 있다'는 진실이 된다.
즉, 거짓은 2번이고, 3번은 진실이다.

Q27 빈칸이 많은 곱셈식

Intermediate Class

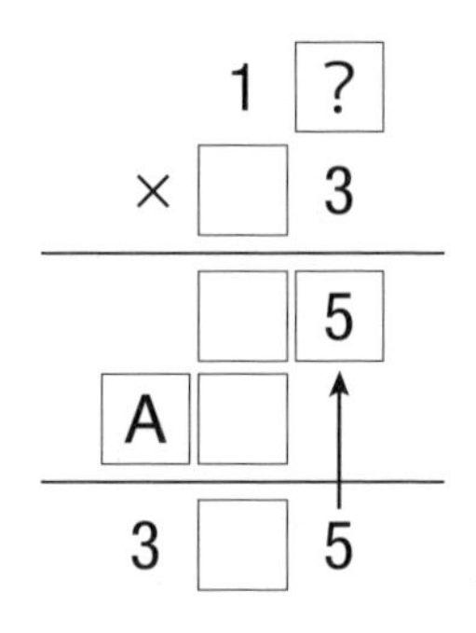

오른쪽 아래의 5는 그 위에 있는 일의 자리에 그대로 들어간다.

다음으로, '1?×3=□5'의 계산을 생각한다.

?에 0~9를 차례로 넣어서 확인해보면, 5일 때만 아래 일의 자리가 5가 된다.

15×3=45이므로, 이 답을 써넣는다.

여기서 A칸에 들어가는 숫자를 생각하면 2 또는 3, 둘 중의 하나이다.

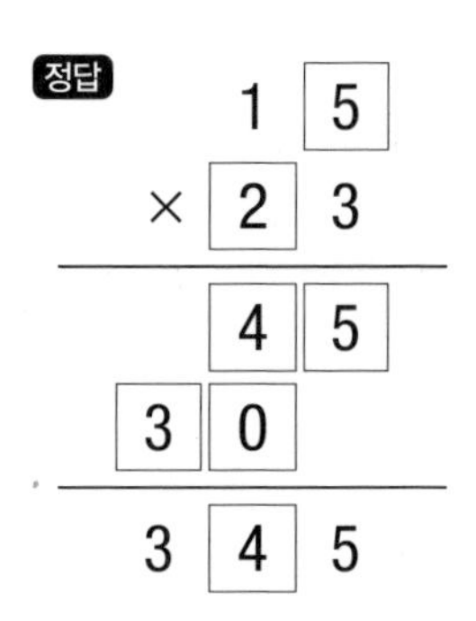

A□는, 곱해지는 수가 15이므로, 15의 배수임을 알 수 있다. 15의 배수를 순서대로 쓰면, 0, 15, 30, 45, 60, …으로, 십의 자리가 2 또는 3이 되는 것은 30뿐이다.

따라서 A에 3, 옆의 칸에 0이 들어간다.

남은 칸도 메우면 완성이다.

Q28 아마추어 개그팀

Intermediate Class

	주연				조연			
	에이타이	가즈오	게이이치	미치오	이쿠오	가즈히코	쇼타	히데오
오토즈	×	○	×	×		×	×	
공깃밥클럽		×		×	×			
사장교장	×	×	×	○		×		
W코미디		×		×			×	×

지금까지의 행렬표 추리문제와 형태가 약간 다르므로 처음에는 당황스러울 수도 있다. 그러나 세로줄에는 ○가 1개씩, 가로줄에는 ○가 2개씩 들어가는 것에 주의하면, 그리 어렵지 않다.

정보 ①에서 ④까지를 행렬표에 반영하면 왼쪽 그림과 같이 된다.

정답

	주연				조연			
	에이타이	가즈오	게이이치	미치오	이쿠오	가즈히코	쇼타	히데오
오토즈	×	○	×	×	×	×	×	○
공깃밥클럽	○	×	×	×	×	○	×	×
사장교장	×	×	×	○	×	×	○	×
W코미디	×	×	○	×	○	×	×	×

다음으로 게이이치와 이쿠오는 개그의 상대역이므로(⑤), 같은 코너의 구성원이다. 게이이치가 속한 코너는 '공깃밥클럽'과 'W코미디' 둘 중 하나인데, '공깃밥클럽' 코너의 조연은 이쿠오가 아니므로(②) 제외된다. 따라서 이 2명은 'W코미디' 코너의 콤비로 확정되며, 남은 개그코너의 빈칸에 들어갈 멤버도 명확해진다.

Q29 폭탄 찾기

Intermediate Class

×	●	3	×	0
2	●	●	×	×
×	3		2	
				2
2		1		

오른쪽 위 0 주위에는 폭탄이 없으므로, ×를 넣는다. 그 × 덕분에 0의 왼쪽에 있는 3 주위의 폭탄 위치가 모두 확인된다. 이런 식으로 ●과 ×를 넣으면 왼쪽 그림과 같이 메워진다.

×	●	3	×	0
2	●	●	×	×
×	3		2	
A	B			2
2	C	1		

다음으로 왼쪽 맨 아래 2 주위에 폭탄이 있는 장소를 생각한다. B와 C는 맨 아래 중앙의 1에도 걸리기 때문에 B와 C 둘 중 하나에만 폭탄이 있다. 따라서 B와 C 둘 중 하나와 A에 폭탄이 있다.

정답

	●	3		0
2	●	●		
	3		2	●
●				2
2	●	1		●

계속해서 ●과 ×를 넣으면 폭탄이 있는 위치를 모두 확인할 수 있다.

Q30 고장 난 디지털 표시판

Intermediate Class

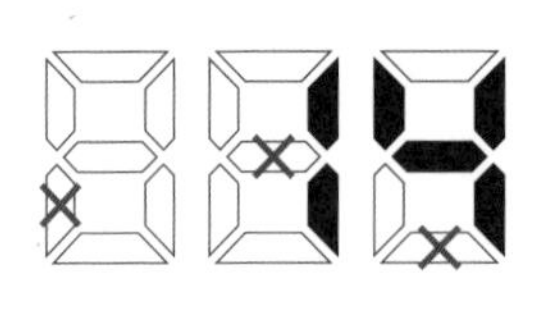

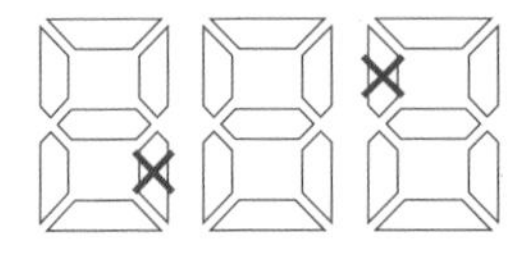

상단 중앙의 표시판에는 가운데에 있는 가로 막대에 ×가 있다. 이 위치에 불이 들어오지 않는 숫자는 1뿐이므로, 여기에는 1이 들어간다.

다음으로 아래의 가로 막대에 ×가 있는 상단 우측 표시판에 들어갈 수 있는 숫자는 1과 4인데, 1은 이미 상단 중앙에 들어갔으므로, 4로 결정된다.

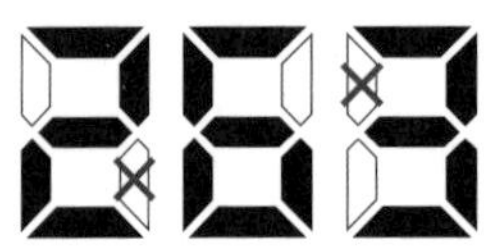

이와 같이, 고장 나서 불이 들어오지 않는 ×에 주목해 생각하면 남은 숫자도 알 수 있다.

Q31 둘이서 즐기는 다트

Intermediate Class

정답 B, F, G

먼저 왼쪽 다트판을 기준으로 생각한다. 바깥쪽 부분(A, B, G, H)에만 3개가 꽂히면 100점에는 이르지 못한다. 따라서 안쪽 부분(C, D, E, F)에 최소한 1개는 꽂힌다.

예를 들어 70점(C)에 꽂혔다면, 남은 2개로 30점을 내려면 B와 H에 꽂혀야 한다. 그러나 오른쪽 다트판에서 B, C, H의 합계는 20+40+10=70점이다. 즉, 왼쪽 다트판의 70점(C)에는 꽂히지 않았다. 그리고 모두 같은 위치에 3개가 꽂혔다고 했으므로, 오른쪽 다트판의 C도 후보에서 제외된다. 왼쪽 다트판에서 60점(E)에 꽂힌 경우도 위와 같이 생각해보면 조건에 맞지 않는다.

이런 식으로 안쪽의 점수가 큰 곳부터 생각하여, 조금씩 범위를 좁혀가면 정답에 이를 수 있다.

Q32 원탁의 남과 여

Intermediate Class

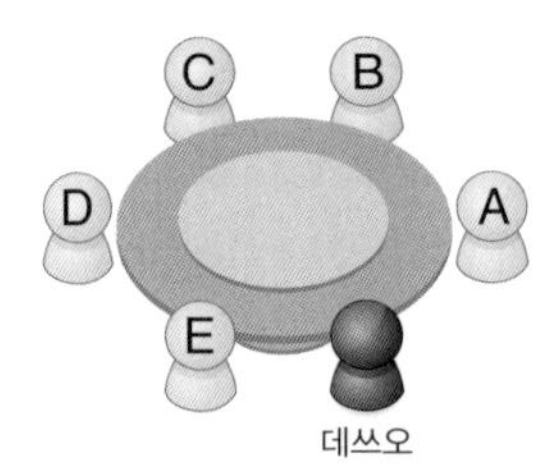

조건 ①에서 다다오와 미나코, 조건 ②에서 유키오와 여성(미나코 이외), 이 두 쌍을 모아서 생각한다.

먼저 A가 여성의 자리라고 가정한다. 그러면 남은 네 자리는 B·C가 한 쌍, D·E가 다른 한 쌍의 자리가 된다. 두 쌍은 모두 오른쪽 옆이 여성이므로, C와 E가 여성의 자리가 된다. 즉, A·C·E가 여성의 자리가 되는데, 이렇게 되면 조건 ⑤에 맞지 않으므로, 이 가정은 잘못이다. 따라서 A는 남성의 자리이다. 그런데 데쓰오와 다다오는 이웃하지 않으므로(④), A는 유키오의 자리임을 알 수 있다.

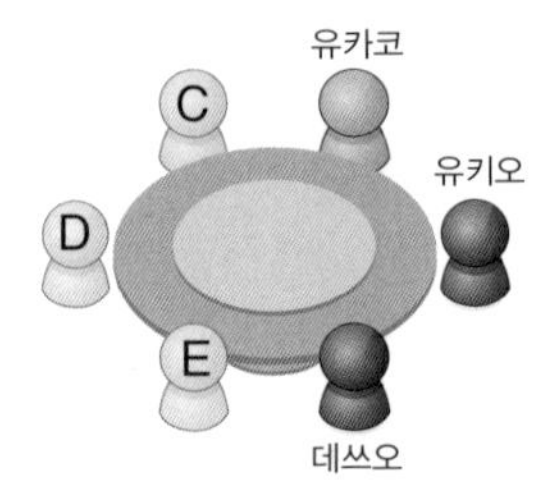

그리고 유키오의 오른쪽 옆인 B는 여성인데(②), 미나코는 다다오의 오른쪽 옆(①), 아쓰코는 유키오와 나란히 있지 않으므로(③), B는 유카코의 자리로 확정된다.

정답

다다오 유카코
미나코 유키오
아쓰코 데쓰오

아쓰코의 자리는 C가 아니고(③), D라면 조건 ①이 성립하지 않는다. 따라서 아쓰코의 자리는 E로 확정된다. 그다음은 조건 ①을 반영하면 완성이다.

Q33 나는 몇 살일까요?

Intermediate Class

정답 14살

동생은 나보다 7살이 어리고, 아빠는 나보다 20살이 많으므로, 동생과 아빠의 나이 차는 27살이다. 모두가 동일하게 나이를 먹어가므로, 이 27살이라는 나이 차는 몇 년이 지나도 변함없다.

2년 후에 아빠의 나이가 동생 나이의 4배가 된 상태를 그림으로 나타내면 다음과 같다.

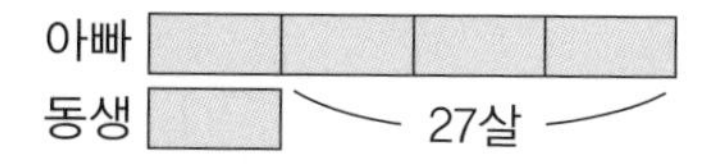

그림의 3칸만큼 건너뛴 부분이 둘의 나이 차인 27살이다. 27÷3=9이므로, 1칸은 9살이 된다. 즉, 이 단계의 동생 나이는 9살이라는 것을 알 수 있다.

이것은 2년 후를 나타낸 그림이므로, 동생의 현재 나이는 7살. 나는 그보다 7살이 많으므로, 지금 나의 나이는 14살이다.

Q34 나무 블록의 무게

Intermediate Class

정답 삼각형 나무 블록 35g / 사다리꼴 나무 블록 20g
사각형 나무 블록 40g / 구 모양 나무 블록 15g

110g인 저울에는 구와 사각형 나무 블록이 2개씩 올라가 있다. 구와 사각형이 1개씩이라면, 무게는 그것의 절반인 55g이 된다.

90g인 저울에는 구, 사각형, 삼각형 나무 블록이 각각 1개씩 올라가 있다. 이 저울에서 구와 사각형을 제거하면, 저울은 90−55=35g을 나타낼 것이다. 따라서 삼각형 나무 블록 1개의 무게는 35g이라는 것을 알 수 있다.

다음으로 95g의 저울을 보면, 삼각형 나무 블록이 1개 올라가 있다. 이 저울에서 삼각형을 제거하면, 사다리꼴 3개가 남으며, 그 무게는 95−35=60g이 된다. 60÷3=20g이므로, 사다리꼴 나무 블록 1개의 무게는 20g이 된다.

100g인 저울에서 사다리꼴을 제거하면, 사각형 2개로 80g이 되므로, 사각형 나무 블록 1개는 40g이다.

구와 사각형 나무 블록의 합계는 55g이므로, 55−40=15g이 구 모양 나무 블록 1개의 무게가 된다.

이것으로 나무 블록 4종류의 무게를 모두 구했다.

Q35 불규칙한 블록

Intermediate Class

				5
5		**1**		
		2		
	5	**3**		2
2				

먼저 오른쪽 위의 5를 이용한다. 왼쪽 위 L자형 블록에서 5가 들어가는 위치를 생각하면, 같은 줄에 같은 숫자는 들어가지 못하므로 5는 회색 칸에만 들어갈 수 있다. 그리고 이 5를 사용하면, 왼쪽 아래 T자형의 블록에서 5가 들어가는 위치를 알 수 있다.

마찬가지로 왼쪽 아래의 2를 사용하여, 오른쪽 아래 L자형 블록에 2를 넣을 수 있다.

	2	4		**5**
5		**1**	2	
		2	5	
	5	③		2
2		5		

블록이나 줄에 같은 숫자를 넣지 않도록, 그리고 1~5가 1개씩 들어간다는 것을 생각하면서 숫자를 넣으면, 왼쪽 그림까지 진행된다. 여기서 ○가 그려진 3에 주목하자. 이 3이 들어 있는 T자형 블록 안에 이미 3은 들어갈 수 없다. 맨 왼쪽의 세로줄에서 3이 들어갈 수 있는 곳은 회색 칸뿐임을 알 수 있다.

정답

3	2	4	1	**5**
5	3	**1**	2	4
4	1	**2**	5	3
1	5	**3**	4	2
2	4	5	3	1

이런 식으로 숫자를 넣으면 퍼즐이 완성된다.

Q36 빙고 게임

Intermediate Class

왼쪽 그림의 X가 들어간 칸은 숫자가 열리지 않았다(④). 이것으로 '가로줄에서 빙고(②)'가 될 수 있는 줄은 위에서 두 번째 줄뿐이다.

G의 세로줄은 53 이외의 칸이 X이다(⑥). 또한 리치(빙고 직전)가 된 대각선(③)은 2, 19, FREE, 58, 72의 줄인 경우 ⑤에 맞지 않으므로, 12, 27, FREE, 53, 62의 줄이 된다. 여기서 12 또는 62 중 하나가 열리므로, 2와 72에 X를 넣을 수 있다(⑤).

N의 세로줄은 리치가 되지 않았으므로(⑦), 세로줄에서 리치(③)는 I의 세로줄이다. 또 대각선은 숫자 12 또는 62 중 하나가 열려서 리치가 되는데, 12가 열리면 ⑧에 맞지 않으므로, 열리는 숫자는 62라는 것을 알 수 있다.

정답

숫자가 10개 모두 열렸으므로 완성이다.

Q37 복잡한 덧셈

Intermediate Class

A C의 절반	B H와 다르다	C E와 같다 4
+	D F와 같다	E 6 이하 4
F 홀수	G A와 다르다	H 7 이상 8

C에는 E와 같은 숫자가 들어가므로 C+E는 같은 숫자를 두 번 더한 것이 된다.

같은 숫자를 두 번 더하면 반드시 짝수가 된다(몇 가지 수로 시험해보자). 두 자릿수 이상의 숫자에서도 일의 자리는 반드시 짝수가 된다. 따라서 H는 짝수이다.

7 이상의 짝수는 8밖에 없으므로, H는 8로 정해진다. 더해서 일의 자리가 8이 되는 것은 4+4 또는 9+9 둘 중 하나인데, E는 6 이하이므로, C와 E는 4로 결정된다.

A C의 절반	B H와 다르다	C E와 같다
2		4
+	D F와 같다	E 6 이하
	3	4
F 홀수	G A와 다르다	H 7 이상
3		8

A는 C의 절반이므로 2이다.

F는 A가 그대로 들어가거나 숫자 1이 늘어난 수가 들어간다. 십의 자리에서 반올림이 되더라도 최대 1밖에 증가하지 못한다(294+94를 계산해보면 알 수 있다). F는 홀수이므로, 3임을 알 수 있다.

그리고 F와 같은 수가 들어가는 D도 3으로 결정된다.

정답

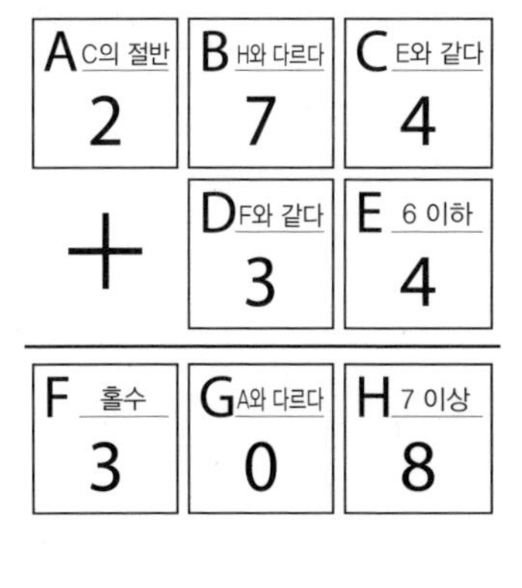

A의 2가 F의 3이 되기 위해서는, B+D는 한 자릿수가 올라가는 덧셈이 되어야 한다.

즉, B는 7, 8, 9 가운데 하나이고, 그것에 대응하는 G는 0, 1, 2 가운데 하나이다. B와 G의 칸에 있는 주문을 둘 다 만족하는 것은 B=7, G=0일 때뿐이다.

이것으로 완성이다.

Q38 7장의 색종이

Intermediate Class

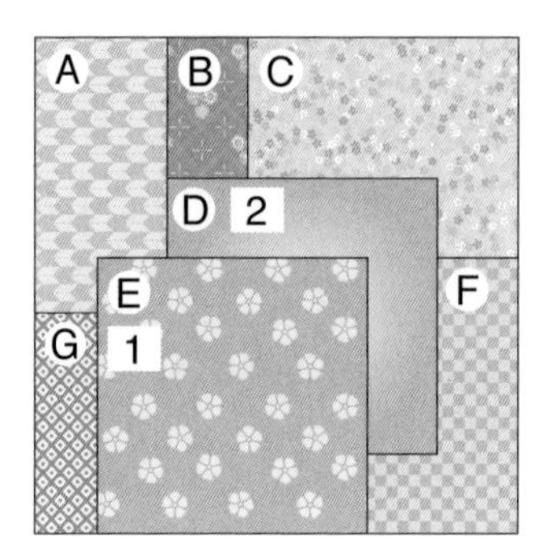

E가 맨 위에 있다는 것은 바로 알 수 있다. 다음으로 두 번째가 어떤 것인지를 생각한다. 두 번째 색종이는 첫 번째인 E를 제거하면 정사각형(색종이의 형태가 완전히 보이는) 모양일 것이다.

바꿔 말하면, 뭔가 일부라도 숨겨진 상태의 색종이는 선택지에서 제외된다. 따라서 D밖에 생각할 수 없다.

여기서부터는 약간 상상하기가 어려워지는데, 생각하는 방법은 같다. 첫 번째, 두 번째인 E와 D를 제거했을 때 정사각형인 것은 F뿐이다. 또한 F를 제거하면 맨 위가 되는 것은 C이다.

이렇게 위에서부터 순서를 정해가면, 색종이의 순서를 알 수 있다.

정답

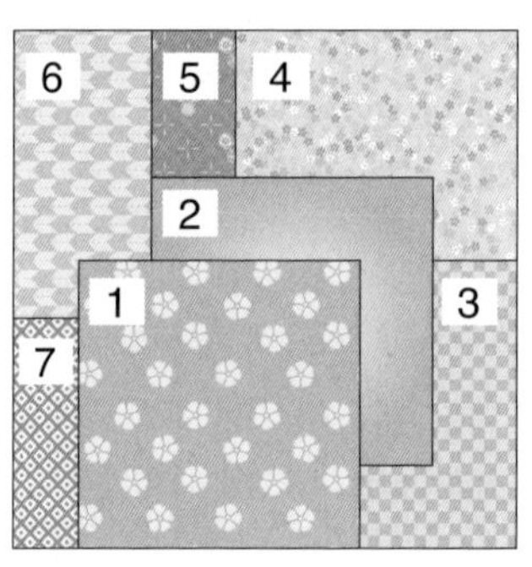

Q39 길이의 단위

Intermediate Class

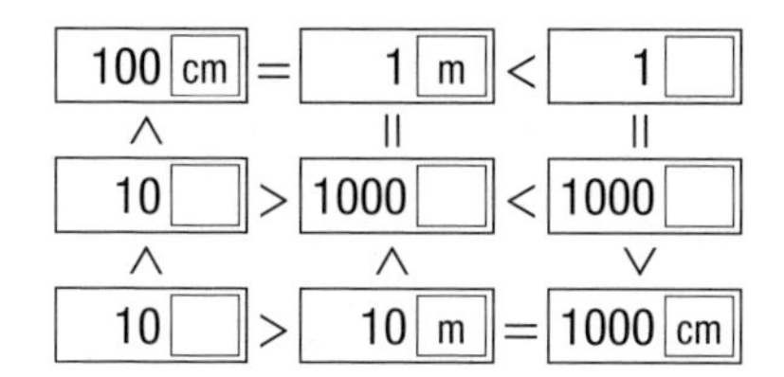

100□=1□가 성립하는 것은, 100cm=1m뿐이다. 또한 10□=1000□가 성립하는 것은 10m=1000cm뿐이다.

이상 두 가지에 해당하는 곳에 단위를 넣은 것이 위 그림이다.

그다음, 맨 밑에 들어가는 단위는 10m보다 큰 10□이므로 km이다. 그리고 그 위에 들어가는 단위는 100cm보다 크고 10km보다 작은 10□이므로, m이다.

계속해서 단위를 넣으면 완성된다.

정답

100 cm	=	1 m	<	1 km
∧		‖		‖
10 m	>	1000 mm	<	1000 m
∧		∧		∨
10 km	>	10 m	=	1000 cm

Q40 아내의 심부름

Intermediate Class

		사야 할 물건			개수		
		건전지	맥주	푸딩	1개	2개	4개
사는 장소	편의점		×		×	×	○
	슈퍼	×	○	×			×
	백화점		×				×
개수	1개			×			
	2개						
	4개						

정보 ①, ②, ③을 행렬표에 반영하면 왼쪽 그림과 같이 된다.

		사야 할 물건			개수		
		건전지	맥주	푸딩	1개	2개	4개
사는 장소	편의점		×		×	×	○
	슈퍼	×	○	×	○		×
	백화점		×				×
개수	1개	×	○	×			
	2개		×				
	4개		×				

④의 내용으로 건전지의 개수가 최소한 1개가 아니라는 것을 알 수 있다. 이것으로 그림과 같이 행렬표가 메워진다. 이로써 맥주를 사는 장소와 개수가 모두 확정되었으므로, 회색인 칸에도 ○를 넣을 수 있다.

정답

		사야 할 물건			개수		
		건전지	맥주	푸딩	1개	2개	4개
사는 장소	편의점	○	×	×	×	×	○
	슈퍼	×	○	×	○	×	×
	백화점	×	×	○	×	○	×
개수	1개	×	○	×			
	2개	×	×	○			
	4개	○	×	×			

앞에서 맥주를 슈퍼에서 1개 사야 함을 알았다. ④를 통해 백화점에서 사는 물건의 개수는 2개, 건전지는 당연히 4개가 된다. 또한 백화점에서 사는 물건은 푸딩, 건전지를 사야 할 곳은 편의점이라는 것도 알게 된다. 이것으로 행렬표를 모두 채울 수 있다.

Q41 숫자 십자풀이

Advanced Class

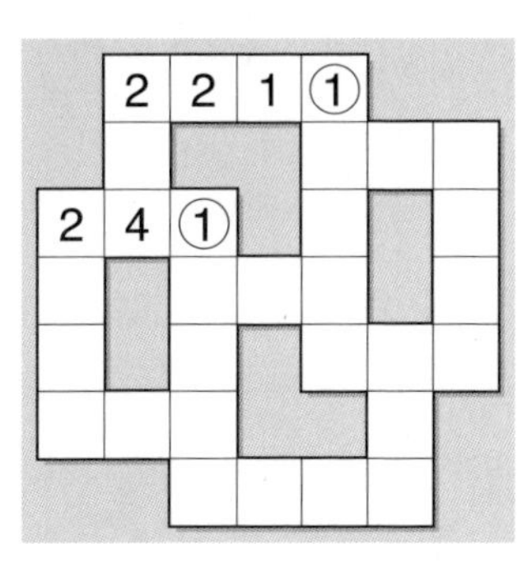

리스트에서 다섯 자리 숫자는 2개뿐이므로, 이것을 돌파구 삼아 문제를 풀어간다.

다섯 자리 숫자는 둘 다 1로 시작한다. 따라서 다섯 자리를 모두 넣을 수는 없지만, 맨 앞자리 1은 넣을 수 있다. 그다음, 일의 자리가 1인 241과 2211의 위치가 확정된다.

정답

	2	2	1	1		
	3			4	1	3
2	4	1		1		1
3		1	2	4		1
2		2		1	4	3
3	2	3			3	
		4	2	4	2	

이런 식으로 가로, 세로의 연결을 생각하면서 신중하게 채워나가면 완성된다.

Q42 트럼프 카드의 배치

Advanced Class

	4	♠	
A	♠ 3	7	5

상단에는 2, 4, 6, 8이, 하단에는 A, 3, 5, 7이 들어간다(③). 그리고 A는 하단 왼쪽 끝에 들어간다(⑤).
다음으로, ♠ 3(⑥)이 하단의 비어 있는 두 곳 중 어딘가에 들어가는데, 상단의 ♠ 바로 밑에는 들어갈 수 없으므로(④), 왼쪽 그림과 같이 위치가 확정된다. 하단의 남은 자리에는 7이 들어간다.

♦ 6	♥ 4	♠	
A	♠ 3	♥ 7	♦ 5

♥는 상하 양쪽 끝에는 없으므로(⑧), ♥ 2장의 위치도 결정된다. 아직 마크가 정해지지 않은 카드에서 합계가 11이 되는 패턴(⑨)은 5+6뿐이므로, ♦는 5와 6이며, 같은 마크가 접하지 않는다는 것(④)도 고려하면 6의 위치도 확정된다.

정답

♦ 6	♥ 4	♠ 8	♣ 2
♣ A	♠ 3	♥ 7	♦ 5

♣는 남아 있는 카드 2장의 마크이며, 남은 숫자 2와 8의 위치도 정해진다(⑦). 이로써 모든 카드를 정보대로 배치했다.

Q43 빈칸이 많은 나눗셈식

Advanced Class

```
       □ 4
   ┌──────
 7 ) □ □ □
       □
   ───────
       □ 1
       2 8
   ───────
         3
```

아래쪽부터 생각해간다.

□1−□□=3의 계산에서, □1−□8=3이 된다는 것을 알 수 있다.

구구단의 7단에서 1의 자리가 8이 되는 것은 7×4=28뿐이다.

정답

```
       1 4
   ┌──────
 7 ) 1 0 1
       7
   ───────
       3 1
       2 8
   ───────
         3
```

□1−28=3에서 □에 들어갈 숫자는 3이다.

그리고 처음부터 제시되어 있던 1은 그대로 바로 위의 칸에 들어간다.

구구단 7단에서, 답이 한 자릿수가 되는 것은 7×1=7뿐이다.

그리고 □□−7=3이므로, 10−7=3이 된다.

이것으로 완성이다.

Q44 테스트 결과

Advanced Class

정답 45점

	Q.1	Q.2	Q.3	Q.4	Q.5	Q.6	Q.7	계
이토	A	B	A	A	B	~~A~~	(B)	65
기노시타	A	B	A	B	A	(B)	(B)	70
고이케	B	B	A	B	A	~~A~~	~~A~~	30
요코야마	B	A	B	A	A	B	A	45

우선 배점 25점인 6번과 7번 문제를 생각한다. 이 두 문제 이외에는 모두 10점이므로 6번과 7번 문제 중 하나를 맞힐 경우 합계 점수 일의 자리는 5가 된다. 그리고 6번, 7번 문제가 둘 다 정답이거나 둘 다 정답이 아닌 경우 합계 점수 일의 자리는 0이 된다.

기노시타와 고이케의 점수는 일의 자리가 0이며, 또한 두 사람은 답이 서로 다르다. 즉, 기노시타와 고이케 둘 중 한 사람이 6번과 7번 문제를 모두 맞혔고, 다른 한 사람은 둘 다 틀린 것이다. 그런데 두 문제를 다 맞힐 경우 50점인데, 고이케는 30점이므로 기노시타가 6번, 7번 문제를 모두 맞혔음을 알 수 있다.

따라서 6번, 7번 문제의 정답은 B이다.

	Q.1	Q.2	Q.3	Q.4	Q.5	Q.6	Q.7	계
이토	~~A~~	B	A	A	B	~~A~~	Ⓑ	65
기노시타	~~A~~	B	A	B	A	Ⓑ	Ⓑ	70
고이케	Ⓑ	B	A	B	A	~~A~~	~~A~~	30
요코야마	B	A	B	A	A	B	A	45

1~5번 문제에서 기노시타는 20점, 고이케는 30점을 얻었다. 기노시타와 고이케의 답이 1번 문제 이외에는 같으므로, 점수 차는 1번 문제에서 생긴 것이다. 1~5번 문제에서는 고이케가 한 문제를 더 맞췄으므로, 1번 문제는 고이케가 답한 B가 정답이다.

	Q.1	Q.2	Q.3	Q.4	Q.5	Q.6	Q.7	계
이토	~~A~~	Ⓑ	Ⓐ	Ⓐ	Ⓑ	~~A~~	Ⓑ	65
기노시타	~~A~~	Ⓑ	Ⓐ	~~B~~	~~A~~	Ⓑ	Ⓑ	70
고이케	Ⓑ	Ⓑ	Ⓐ	~~B~~	~~A~~	~~A~~	~~A~~	30
요코야마	B	A	B	A	A	B	A	45

이토는 2~5번 문제가 전부 정답이어야만 65점이 되므로, 2~5번 문제의 정답은 순서대로 B, A, A, B임을 알 수 있다.
앞에서 확인된 7문제의 정답을 토대로 요코야마의 해답을 채점하면 45점이라는 것을 알 수 있다.

Q45 볼링대회 순위

Advanced Class

		순위				부서			
		1위	2위	3위	4위	영업	경리	홍보	총무
이름	가오루	×					×		
	다케루					×		×	
	도오루								
	와타루								
부서	영업	×							
	경리	○	×	×	×				
	홍보	×							
	총무	×							

가오루의 코멘트에서 경리가 1위임을 바로 알 수 있다. 그런데 자신을 타인인 것처럼 말하는 사람은 없으므로, 가오루는 경리가 아니라는 것도 알 수 있다. 따라서 가오루는 1위가 아니다. 마찬가지로 다케루의 소속은 영업이나 홍보가 아니다.

		순위				부서			
		1위	2위	3위	4위	영업	경리	홍보	총무
이름	가오루	×					×		×
	다케루	○	×	×	×	×	○	×	×
	도오루	×			×	×	×	×	○
	와타루	×					×		×
부서	영업	×							
	경리	○	×	×	×				
	홍보	×							
	총무	×			×				

도오루의 소속이 총무과이므로, 자동적으로 다케루가 볼링대회에서 1위를 차지한 경리가 된다.

정답

		순위				부서			
		1위	2위	3위	4위	영업	경리	홍보	총무
이름	가오루	×	×	×	○	×	×	○	×
	다케루	○	×	×	×	×	○	×	×
	도오루	×	○	×	×	×	×	×	○
	와타루	×	×	○	×	○	×	×	×
부서	영업	×	×	○	×				
	경리	○	×	×	×				
	홍보	×	×	×	○				
	총무	×	○	×	×				

와타루와 다케루의 코멘트를 참조해 순위를 표시하다 보면 모든 항목을 알아낼 수 있다.

Q46 모호족의 방문

Advanced Class

정답 A는 모호족, B는 거짓족, C는 정직족

질문 1에는, 거짓족이라면 반드시 YES라고 대답한다. YES라고 대답한 것은 B뿐이므로, B는 거짓족임을 알 수 있다.

다음으로, 질문 1에서 모호족이 정직하게 대답하고 있는지 거짓말을 하고 있는지에 주목한다. 모호족은 A 아니면 C인데 둘 다 대답이 NO이므로, 모호족은 질문 1에 거짓인 대답을 하고 있다. 모호족은 진실과 거짓을 번갈아서 대답하므로, 질문 2의 대답은 진실, 질문 3의 답은 거짓이 된다. 따라서 질문 3의 모호족의 답은 거짓족인 B와 같다. 그러나 C의 답은 B와는 다르므로, C는 모호족이 아니라 정직족, 답을 하지 않은 A가 모호족이다.

Q47 주사위 전개도

Advanced Class

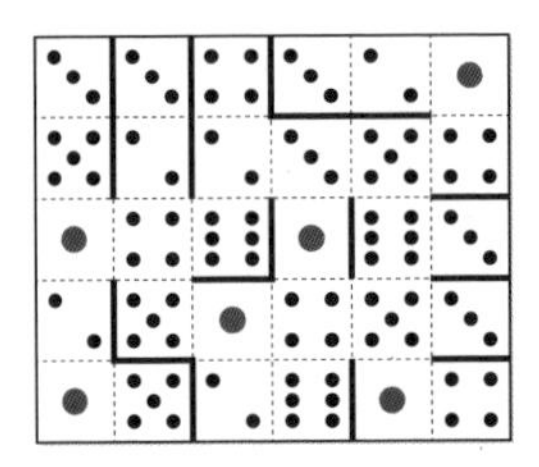

하나의 주사위에 같은 수의 눈은 들어가지 않으므로, 같은 수의 눈이 접하고 있는 곳에는 분할하는 선을 그을 수 있다.

그리고 마주보는 2개의 면은 전개도에서는 이웃할 수 없으므로, 이웃과의 합계가 7이 되는 곳에도 분할선을 그을 수 있다. 또한 반드시 분할선을 경계로 전개도가 만들어진다고 할 수는 없다.

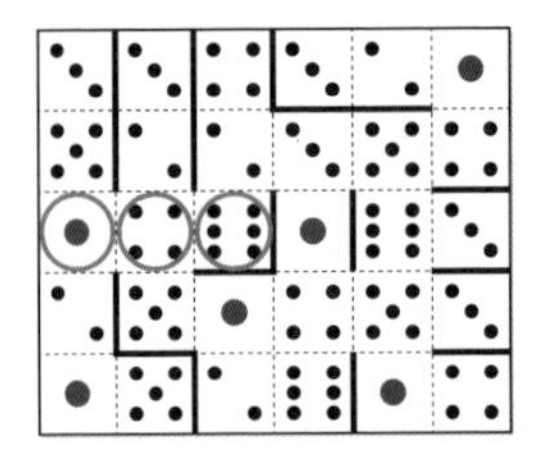

전개도에서 6의 눈은 3개뿐이다. 주사위를 3개 만들기 위해서는 6의 눈을 모두 사용해야 한다. 왼쪽부터 세 번째 줄 가운데에 있는 6에 주목한다. 이 6의 뒤쪽에 해당하는 1이 어떤 1이 되는지를 생각하면, 뒤쪽이 될 수 있는 것은 2칸 왼쪽에 있는 1뿐이다. 그 1의 눈과 6의 눈 사이에 있는 4도 같은 주사위에 포함된다는 것을 알 수 있다.

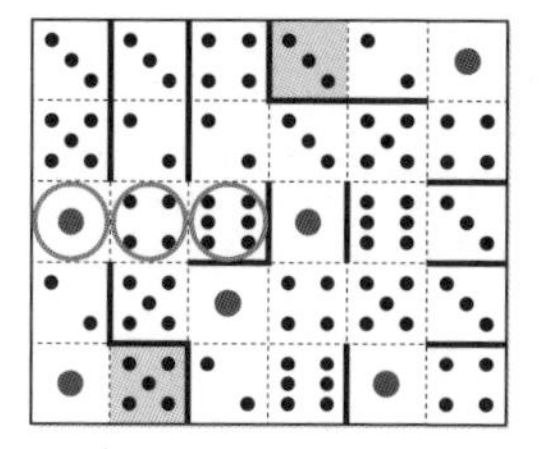

이번에는 사용하지 않는 눈을 생각해본다. 회색인 3의 눈에서 6칸만큼 이동해 보아도 주사위의 모양은 되지 않으므로, 이 3은 사용하지 않는다는 것을 알 수 있다. 아래에 있는 회색인 5의 눈도 도중에 1의 눈이 2개 들어가므로, 전개도가 만들어질 수 없는 위치이다.

정답

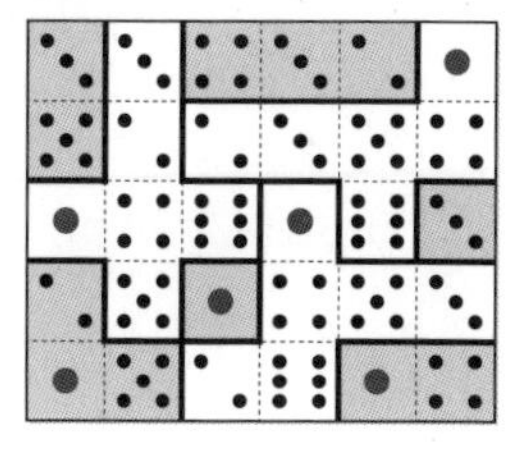

이와 같이 사용하는 눈과 사용하지 않는 눈을 하나씩 결정해가면, 왼쪽 그림과 같은 정답을 얻을 수 있다.

Q48 마법의 별

Advanced Class

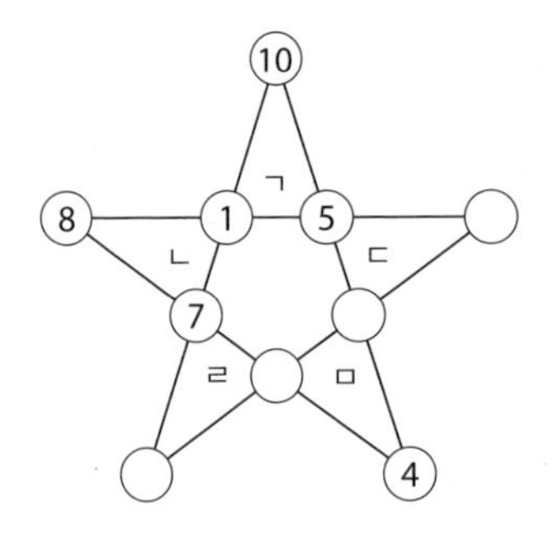

ㄱ 삼각형에서 숫자가 들어 있지 않은 2개의 ○에는 더해서 6이 되는 숫자가 들어간다. 더해서 6이 되는 조합은 1+5 또는 2+4 둘 중 하나인데, ㅁ 삼각형에서 4를 사용하고 있으므로 ㄱ 삼각형에는 1, 5가 들어간다.
이때 ㄴ과 공통되는 ○에 5를 넣으면, ㄴ이 4+5+7이 되어 4가 중복되고 만다. 따라서 ㄴ과 공통된 ○에는 1이 들어가고, ㄴ 삼각형의 남은 ○에 8이 들어간다.

정답

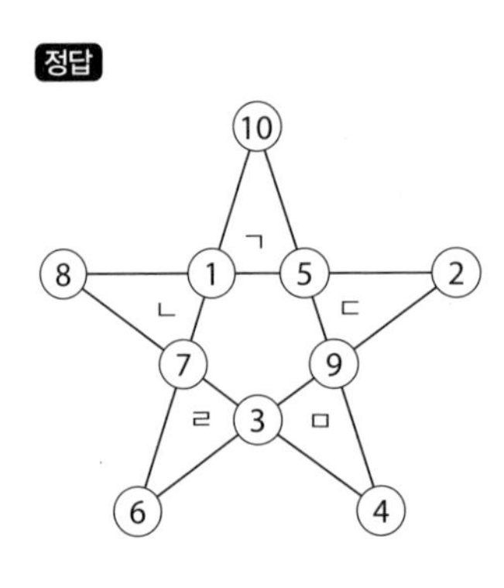

남은 숫자는 2, 3, 6, 9이며, ㄷ의 비어 있는 ○에 들어갈 숫자의 합계는 11이 되어야 한다.
남은 숫자에서 합계가 11이 되는 것은 2+9의 조합뿐인데, ㄹ 삼각형과 ㅁ 삼각형 숫자에 주의하면서 2, 9와 3, 6의 위치를 정한다.

Q49 하나의 고리

Advanced Class

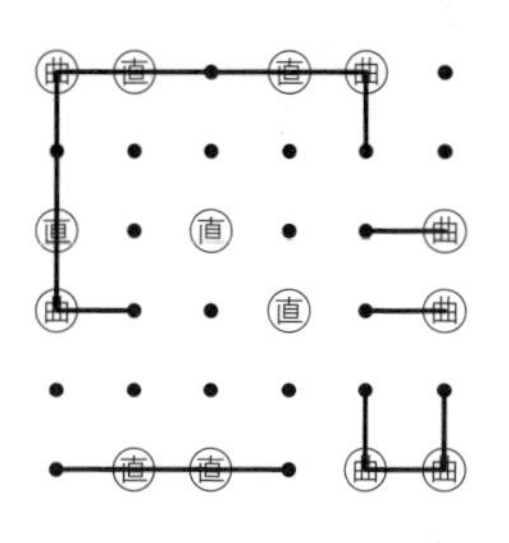

모서리에 있는 '곡'과 바깥쪽에 있는 '직'은 한 가지 선밖에 그을 수 없으므로 바로 확정할 수 있다.

바깥쪽에 있는 '곡'은 선을 그을 수 있는 방법이 두 가지 있는데, 구부러져 가는 곳은 한 방향뿐이므로, 그쪽의 선을 긋자. 그렇게 선을 그은 것이 왼쪽 그림이다.

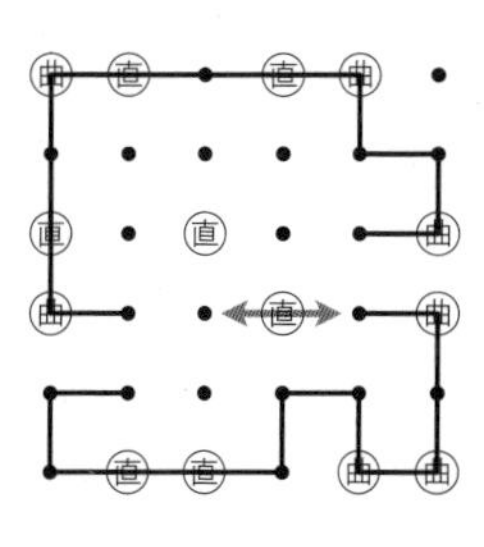

갈라지거나 끊어지지 않는 하나의 고리를 만드는 것이므로, 선의 끝부분이 떨어지지 않도록, 또한 작은 고리가 만들어지지 않도록 선을 늘리면서 이동하면 왼쪽 그림과 같이 된다.

여기까지 오면 남은 ○는 중앙 두 군데의 '직'이다. 중앙 오른쪽 아래에 있는 '직'을 어떻게 그을 것인지 생각해보자. 세로로 직진하면 이미 선이 그어져 있는 곳과 부딪히게 되므로, 여기는 가로로 직진한다는 것을 알 수 있다.

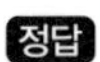

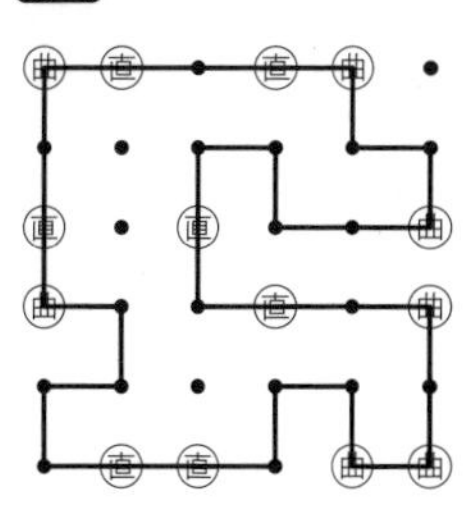

선이 갈라지거나 작은 고리가 생기지 않도록 선을 늘려서 완성한다.

Q50 어떤 기업

Advanced Class

		형태			대표자			업무 시작 시간		
		본사	지점	창고	우에시마	나카자와	시타무라	7시	8시	9시
소재지	도쿄									×
	니가타						×	×	×	○
	기후		×							×
업무 시작 시간	7시			×	×					
	8시				○	×	×			
	9시				×					
대표자	우에시마	×								
	나카자와	○	×	×						
	시타무라	×								

정보 ①, ④, ⑥을 토대로 ○, × 요소를 바로 알 수 있으므로, 여기서부터 행렬표에 반영해간다.

그리고 정보 ②, ③, ⑤는 각각 ×를 1개 넣을 수 있을 뿐이지만, 이것도 중요한 힌트이므로 반영한다.

		형태			대표자			업무 시작 시간		
		본사	지점	창고	우에시마	나카자와	시타무라	7시	8시	9시
소재지	도쿄	×				×				×
	니가타	○	×	×	×	○	×	×	×	○
	기후	×	×			×				×
업무 시작 시간	7시	×		×	×	×				
	8시	×			○	×	×			
	9시	○	×	×	×	○	×			
대표자	우에시마	×								
	나카자와	○	×	×						
	시타무라	×								

9시=니가타, 8시=우에시마가 확정되어 있다. 여기서 알 수 있는 것은 니가타의 대표자가 우에시마가 아니라는 것이다. 이것과 정보 ⑤를 같이 놓고 생각하면, 니가타의 대표자는 나카자와로 결정된다.

또한 본사의 대표자가 나카자와이므로, 본사=니가타=나카자와=9시가 된다. 바르게 연결되어 있는 칸에 ○를 넣는다.

정답

		형태			대표자			업무 시작 시간		
		본사	지점	창고	우에시마	나카자와	시타무라	7시	8시	9시
소재지	도쿄	×	○	×	×	×	○	○	×	×
	니가타	○	×	×	×	○	×	×	×	○
	기후	×	×	○	○	×	×	×	○	×
업무 시작 시간	7시	×	○	×	×	×	○			
	8시	×	×	○	○	×	×			
	9시	○	×	×	×	○	×			
대표자	우에시마	×	×	○						
	나카자와	○	×	×						
	시타무라	×	○	×						

그다음은 앞에서 했던 방식으로 주어진 정보를 토대로 남은 칸을 채워나가면 된다.

메모 노트 활용법

- 퍼즐 문제 풀이 과정을 적어보세요.
- 점선에 맞게 잘라서 사용하세요.

뇌가 섹시해지는 퍼즐

초판 1쇄 발행 2018년 8월 3일
개정 2판 1쇄 발행 2023년 2월 15일

지은이 이마이 요스케
감수 후카사와 신타로
옮긴이 위정훈
펴낸이 이범상
펴낸곳 (주)비전비엔피·비전코리아

기획 편집 이경원 차재호 김승희 김연희 고연경 박성아 최유진 김태은 박승연
디자인 최원영 한우리 이설
마케팅 이성호 이병준
전자책 김성화 김희정 이병준
관리 이다정

주소 우) 04034 서울특별시 마포구 잔다리로7길 12 (서교동)
전화 02) 338-2411 | 팩스 02) 338-2413
홈페이지 www.visionbp.co.kr
이메일 visioncorea@naver.com
원고투고 editor@visionbp.co.kr
인스타그램 www.instagram.com/visionbnp
포스트 post.naver.com/visioncorea

등록번호 제313-2005-224호

ISBN 978-89-6322-195-3 03410

- 값은 뒤표지에 있습니다.
- 잘못된 책은 구입하신 서점에서 바꿔드립니다.

도서에 대한 소식과 콘텐츠를
받아보고 싶으신가요?